自动扶梯与自动人行道检验解析

董　彬　孙建宇◎编著

中国石化出版社
·北　京·

图书在版编目（CIP）数据

自动扶梯与自动人行道检验解析／董彬，孙建宇编著. —北京：中国石化出版社，2024. 12. —ISBN 978-7-5114-7752-1

Ⅰ. TH236；U412. 37

中国国家版本馆 CIP 数据核字第 202435X8C0 号

中国石化出版社出版发行
地址:北京市东城区安定门外大街 58 号
邮编:100011 电话:(010)57512500
发行部电话:(010)57512575
http://www. sinopec-press. com
E-mail:press@ sinopec. com
天津嘉恒印务有限公司印刷
全国各地新华书店经销
*
710 毫米×1000 毫米 16 开本 12. 75 印张 218 千字
2024 年 12 月第 1 版　2024 年 12 月第 1 次印刷
定价：59. 00 元

《自动扶梯与自动人行道检验解析》

编 委 会

前言 PREFACE

长期以来，机电类电梯是特种设备的一小众，而自动扶梯/自动人行道，又是机电类特种设备的一个边边角角。关于垂直电梯的书籍很多，《中国电梯》杂志上有关垂直电梯类的文章更是比比皆是。然而，关于自动扶梯的书籍、课件、文章却是少之又少，这与自动扶梯/自动人行道的发展现状以及未来趋势很不相称。自动扶梯/自动人行道作为一种连续性的代步运输工具，随着机场、地铁、高铁的发展已经得到了很大的发展，目前，我国也成为世界自动扶梯生产中心，年产量占比高达90%以上。因此实践需要一种系统性自动扶梯/自动人行道类的书籍，也需要更多扶梯类的专业检验人才。

检验员只需掌握基本的常识，并能依据检验规则进行检验和判定即为合格；而检验师级别的检验人员，既要知其然还必须知其所以然。具体地说，对于电力驱动类型的自动扶梯/自动人行道，要理解由零件、部件构成机器的机械原理，还要清楚由电气元件构成电路及电气的工作原理，更要善于将结构原理方面的知识应用于检验之中，并努力使自己的认知系统化、条理化。

全书分为上下两篇。上篇深入系统地阐述了检验规则，可供检验员学习，后附了检验员应知应会的实操题与问答题；下篇简明地解析了自动扶梯的结构原理，可供检验师级别人员学习，后附了检验师精益求精的研习文与思考题。两篇的后附习题也可用于考查学员的学习水平。

由于时间仓促，水平有限，书中难免有不妥和错误之处，恳请读者批评。

目录 / CONTENTS

上篇　检验员之应知应会

第一章　传送带的演绎 …………………………………………………… (3)
　一、“安全可靠/舒适方便”之于——电气控制方面的规定 …………… (4)
　二、“安全可靠/舒适方便”之于——可靠制动装置(制动器)的要求 … (7)
　三、“安全可靠/舒适方便”之于——使用管理的其他规定 …………… (9)
第二章　扶梯的结构 ……………………………………………………… (10)
　一、扶梯的结构组成 …………………………………………………… (10)
　二、扶梯的“八板” ……………………………………………………… (12)
第三章　风险评估与管理 ………………………………………………… (14)
　一、自动扶梯重大危险源的类型 ……………………………………… (14)
　二、自动扶梯的技术规范问题 ………………………………………… (16)
　三、划入特种设备依法管理 …………………………………………… (17)
第四章　安全空间 ………………………………………………………… (19)
　一、安全空间所包括的内容 …………………………………………… (19)
　二、关于安全空间的归纳小结 ………………………………………… (33)
第五章　电气安全装置 …………………………………………………… (37)
　一、电气安全装置所包括的内容 ……………………………………… (37)
　二、电气安全装置部分的归纳小结：对自动扶梯保护系统的评价 … (50)
第六章　检验/乘梯的安全 ……………………………………………… (54)
　一、检验的安全问题 …………………………………………………… (54)
　二、安全乘坐自动扶梯 ………………………………………………… (60)
第七章　应知应会 ………………………………………………………… (66)
　一、应知应会之实操 22 题 …………………………………………… (66)
　二、应知应会之问答 36 题 …………………………………………… (71)

下篇　检验师之精益求精

第八章　扶手带之路 ……………………………………………………… (95)
　一、扶手装置 ………………………………………………………… (95)
　二、扶手带材质 ……………………………………………………… (99)
　三、扶手带系统的运行 ……………………………………………… (100)
第九章　梯级 ……………………………………………………………… (108)
　一、梯级结构 ………………………………………………………… (108)
　二、梯级导轨 ………………………………………………………… (110)
　三、牵引构件 ………………………………………………………… (114)
　四、张紧装置 ………………………………………………………… (116)
第十章　动力传动组 ……………………………………………………… (119)
　一、驱动主机组 ……………………………………………………… (119)
　二、传动机构 ………………………………………………………… (124)
　三、主驱动轴 ………………………………………………………… (126)
第十一章　桁架 …………………………………………………………… (132)
　一、桁架结构 ………………………………………………………… (132)
　二、三个常见的桁架问题 …………………………………………… (133)
第十二章　控制系统 ……………………………………………………… (135)
　一、早期的电气控制 ………………………………………………… (135)
　二、经典的继电器控制 ……………………………………………… (139)
　三、微机控制的变频驱动系统 ……………………………………… (144)
第十三章　精益求精 ……………………………………………………… (152)
　一、习作 4 篇 ………………………………………………………… (152)
　二、思考 28 题 ……………………………………………………… (162)

上篇

检验员之应知应会

第一章　传送带的演绎

说起自动扶梯，大家并不陌生，都见过，也一定坐过，大致轮廓还是有的，大家可以参看图 1-1。但是，我们要从事扶梯的检验工作，单凭这一点直观的了解肯定是远远不够的，还需要我们对自动扶梯进行比较深入和系统的学习。

20 世纪初，人类社会实践涌现出了大量的需要快速疏散和转移人员的场景，譬如车站、码头、港口、机场及现在的地铁口等场合，这种需要催生了自动扶梯的出现。

自动扶梯并不神秘，更不是横空出世。我们知道一切现代的工程机械都是源自古代的农业机械。像最早的鼓轮式电梯，它类似于绞车、卷扬机，与我国周朝出现的辘轳同源同宗；后来广泛使用的曳引式电梯，也与我国商朝出现的汲水工具——桔槔又是一脉相传。其实，自动扶梯就是由传输带演绎而成。

图 1-1　自动扶梯

吉利老板李书福曾说过，汽车其实很简单，也就是两个沙发、四个轮子。这一句话很厉害，至少它从某一个角度揭示了汽车的本质和特征。

那么，自动扶梯呢？我们也有类似的这么一句狠话：

自动扶梯是由一台特种结构型式的链条式梯级输送机和两台特殊结构型式的胶带输送机组合而成。它是传送带的演绎，通常它带有循环运行梯级，用于不同层高间运送人员上下的一种连续输送人的电力驱动机器。

关于自动扶梯概念有三点需要补充说明：

• 自动扶梯是一个可连续性运输的设备，是一个运力极大的电力驱动机器。（运行速度 0.5m/s，斜角 35°的自动扶梯，梯级宽度分为 1m、0.8m、0.6m，其运载能力每小时分别可达 9000 人、6750 人、4500 人）

• 自动人行道与自动扶梯基本相同，其区别是：自动扶梯主要是往垂直方向运送乘客，输送带有台阶，常用的倾角是 30°和 35°；自动人行道主要是在平面方向运送乘客，输送带为平面，其倾角不超过 12°。因而自动人行道可被视为是自动扶梯的一个分支。

• 自动扶梯不是用于送货，只是运送乘客，因而必须符合“安全可靠/舒适方便”的原则。事实上，这是一个主原则，也确实体现在自动扶梯的各个角落和方方面面，甚至为我们“审视”和“打量”自动扶梯，提供了一个非常好的角度。

（在下面的叙述中，所有引用的项目编号 A××××项，系指 TSG T7001—2023《电梯监督检验和定期检验规则》中所规定的项目编号。）

一、“安全可靠/舒适方便”之于——电气控制方面的规定

△主开关（**A2.2.1.3 项**）。

任何电动设备，其实质就是一个电动机，自动扶梯是由电动机带动梯级和扶手带反复回转，我们把通往电动机的电路称作主电路，把设置在主电路上的开关，叫作主开关。

自动扶梯的主电路一般都会设置一个空气开关，用作电源的通、断，并起到短路、过载保护之作用。要**有断开最大工作电流的能力，而且应可以被锁住或是被隔离。**

自动扶梯还要考虑反向运行的问题，必要时应在主电路设置相续保护继电器。

如同直梯一样，驱动主机应当由两个独立的触点来切断。如果停止以后，有任一接触器的主触点未断开，应当不能重新启动运行。

△接地（**A2.2.1.2 项**）和绝缘必须满足的要求。

电通到哪里，那里就得进行接地处理。要知道，“接地”并不是让你随随便便，自己埋个“地”，就搞起了接地保护，这是不符合要求的，当然是不合格的。“接地”是指我国三相四线制供电系统的“零”线在机房入口处再分出来一个“地”，然后在进入机房后实施地、零分接。**原则是：**自进入机房或者驱动站、转向站起，要保持零（N 褐色）、接地（PE 黄绿）的始终分接。

检验方法：可在“地”的分出处将其断开，然后再用万用表确认其与零线的

连通性。注意要在断电的状态下进行。

要防止直接触电问题就必须做好绝缘。用绝缘电阻测试仪测试。

一定要明白，我们经常所说的“安全回路，其实是保证电梯运行安全的回路，并不是指由 36V 以下电压构成了安全回路”，相反由于考虑到长距离的电压降的问题，它通常是由 110V，甚至 220V 的电压构成安全回路，碰触绝对是有触电的危险。不是绝对的安全！

另外，绝缘是有等级之分的。**自动扶梯的要求是：**

标称电压可分为大于 500/小于 500/安全电压三个档次，其分别对应的测试电压是 1000V/500V/250V；绝缘电阻值的要求分别是不小于 1.00MΩ/1.00MΩ/0.25MΩ。这与垂直电梯要求的 1.00MΩ/0.5MΩ/0.25MΩ 有些不同。

△**平稳启动。通常**单速主电机，是由 6 个接线头（Xm1～Xm6）分别与星形启动的接触器 JYC，和三角形运行的接触器 J△C 相连接，实现了所谓的星行启动与三角运行。

为什么要用星形启动，三角运行呢？启动想要平稳，电流要小一点；运行起来后，需要电动机机械特性更硬一些，以减少受到外界阻矩的影响。

目前，很多自动扶梯都使用了更高级的变频启动，当然也就不再需要“星形启动，三角运行”了。

△控制上的其他五个约定：

1. *开关启动*

自动扶梯应在所有安全开关闭合的前提下，由一人使用钥匙开关来实现。开关上应标明自动扶梯的运行方向，开关位置要能够保证操作者看到整个扶梯。有启动必有停止。如图 1-2 所示。

图 1-2 紧急按钮

2. *自动启动（A2.3.1 项）*

由于节能的需要，采用光束控制的，要求在 1.3m 开外启动；采用触点控制的，要求在 1.8m 外启动。**在使用者到达相交线之时应以不小于 0.2 倍的名义速度运行，然后以小于 $0.5m/s^2$ 加速。**

重新启动要求在紧急停止后，在消除故障手动复位开关后，且确认运行区域无人无物时，方可恢复使用自动启动。

乘客通过后，应运行足够的时间(至少为一个运输时间，再加上 10s)。

如果乘客从预定运行相反方向进入，扶梯仍应按预定方向启动，运行不小于 10s。

受检自动扶梯空载，以正常速度进行两个方向的连续运行，观察其是否平稳，无异常碰擦、干涉、松动、抖动和声响。

3. 换转运行方向

不能在运行中转换方向，只有当自动扶梯处于停车状态下，并符合启动条件时方可进行换向操作

4. 检修运行模式

检修控制装置(**A2. 2. 1. 10 项**)，如图 1-3 所示，要求：

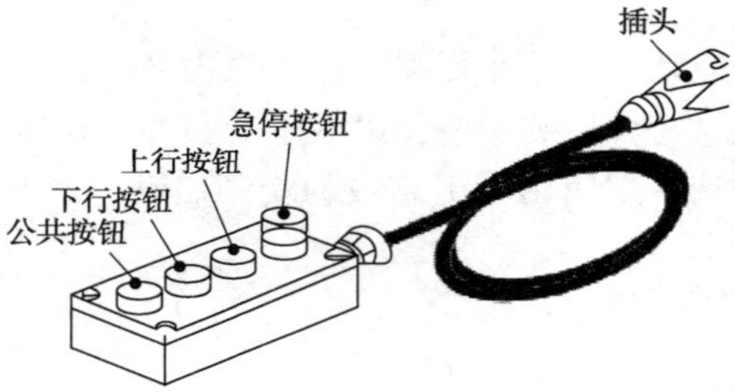

图 1-3　检修控制装置

(1) 自动扶梯的检修装置能够将自动扶梯置于检修控制的运行状态。其长度应不小于 3m，必须在驱动站和转向站内至少提供一个连接设置便携式手动操作装置插座，该插座的设置能够使检修装置到达受检自动扶梯的任何位置，以便于在维护、修理检查时使用。

(2) 哪里有检修，哪里就有检修停止开关。操作检修停止开关应能够断开驱动主机的电源并使工作制动器动作。

(3) 检修控制装置的运行方向标识清晰、正确。

(4) 在垂直曳引电梯中，检修运行需要持续按压操作，且要依赖安全开关和安全回路的闭合。但是为了保证紧急救援的实施，紧急电动运行则可以短接部分安全装置运行，如短掉了限速器开关、安全钳开关。

自动扶梯的检修运行为了保证维护、修理、检查时的使用，有点类似垂直曳引式电梯的紧急电动运行，可以短掉 GB 16899—2011 中表 6“监测装置和电气安全装置(或功能)的要求”中的 h)、i)、j)、k)、m)、n)6 个电气安全装置。这 6 个可以被短掉的监测装置和电气安全装置依次是：多台连续且无中间出口的停止

保护/扶手带入口夹入异物保护/梯级或踏板的下陷保护装置/梯级或踏板缺失保护装置/扶手带速度偏离梯级、踏板或胶带实际速度的超差保护/打开桁架区域的检修盖板和(或)移去或打开楼层板的保护装置。

进入检修运行，其他的一切检测装置和电气安全装置必须仍然有效，而且还必须符合下列两项规定：

检修优先，进入检修状态，其他启动装置都不起作用；

检修互锁，当连接一个以上的检修装置时，所有检修装置都不起作用。请大家思考一下：

源于 GB/T 10058—2009《电梯技术条件》的"同时按压两个检修装置上相同功能的按钮才能使电梯运行"的互锁规定，是真的恰当、合适吗？难道就没有默许和鼓励交叉作业的嫌疑吗？

5. 连续输送保护(A2.2.2.7 项)

对于多台连续并且无中间出口的受检自动扶梯，要检查其是否符合以下要求：

① 具有相同的运送能力并且同方向运行；

② 在梯级、踏板或考胶带到达与踏面相交线之前 2.00~3.00m 处，设有乘客易于触及的附加紧急停止装置；

③ 当其中一台受检自动扶梯停止运行时，其他继续运行可能造成人流拥堵的设备也停止运行。

二、"安全可靠/舒适方便"之于——可靠制动装置(制动器)的要求

自动扶梯的制动器共有块式、带式和盘式三种形式，其作用是在停止的时候依靠制动器的加持，平衡外在载荷，防止下滑溜梯；在制停过程中，制动器还要消耗系统的动能，实现停梯。自动扶梯的制动器通常安装在电动机的高速轴上，很小的力可以产生巨大的制停力。

制动器失效/扶梯停不下来，发生失控，是对乘客一个巨大的威胁。图 1-4 就是一起制动器失效所导致失控滑行图片。

• 制动装置，必须能够手动释放制动器，并且应当由持续的手力使制动器保持在松开位置。撒开恢复原位。

• 制动装置手动盘车的规范(A2.2.1.8 项)。

手动盘车装置应当易于接近，操作安全可靠。a. 盘车装置不得采用曲柄或者多孔手轮，盘车手轮应是平滑和无辐条的，并且在其上或者附近清晰地标出操作说明和运行方向。b. 如果盘车手轮是拆卸式的，那么该装置安装上驱动主机之前或者装上时，电气安全装置应当动作。

在许多场合，光有一套工作制动器还是不够的，必须再配设附加制动器。

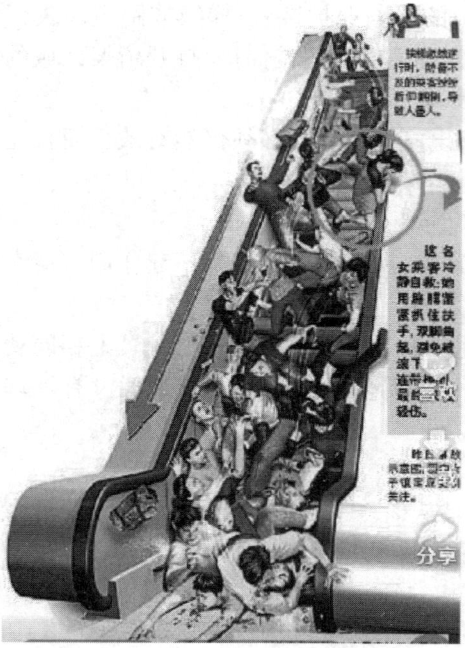

图 1-4　一起制动器失效所导致失控滑行图片

关于附加制动器必须清楚配置条件和技术要求的问题如下：

1. 附加制动器的设置条件

GB 16899—2011《自动扶梯和自动人行道的制造与安装安全规范》，完整地给出了附加制动器的设置条件：

在下列任何一种情况下，自动扶梯和倾斜式自动人行道应设置一只或多只附加制动器，该制动器直接作用于梯级、踏板或胶带驱动系统的非摩擦元件上（单根链条不能认为是一个非摩擦元件）。

（1）工作制动器和梯级、踏板或胶带驱动轮之间不是用轴、齿轮、**多排链条**、两根或两根以上的单根链条连接的**（没有可靠连接，可能造成制动器失效）**。

那么，广泛采用的双排链是不是应该加上附加制动器呢？

（2）工作制动器不是符合 5.4.2.1.2 规定的机-电式制动器（**结构型式有缺陷，可能造成制动器失效**）。

（3）起升高度超过 6m（**势能太大，可能造成制动器失效**）。

附加制动器应能使具有制动载荷的自动扶梯或自动人行道有效地减速停止，并使其保持静止状态。

（4）公用交通型（**使用强度过大，可能造成制动器失效**）。

何谓公用交通型？有两种情况：

一是属于一个公共交通系统的组成部分，包括出口和入口处；

二是高强度使用的，每周运行时间不小于 140h，在任何 3h 的间隔内，载荷达到 100%制动载荷的持续时间不小于 0.5h，也就是满载不低于 0.5h。

公用交通型必须**配设附加制动器**，且护壁板不能使用玻璃。

2. 附加制动器的技术要求

（1）附加制动器应为机械式的（利用摩擦原理）。

［GB 16899—2011 标准的原文：附加制动器与梯级、踏板或胶带驱动装置之间应用轴、齿轮、多排链条或多根单排链条连接。不允许采用摩擦传动元件（例如：离合器）构成的连接。］

（2）附加制动器在下列任何一种情况下均应有作用：

① 在速度超过额定速度 1.4 倍之前；

② 在梯级、踏板或胶带改变其规定运行方向时（**运行反向**）。

（3）附加制动器在动作开始时应强制地切断控制电路（**可与工作制动器并行制动**）。

（4）附加制动器动作时，能有效制停额载下行工况，减速度不应超过 $1m/s^2$，不要求保证为工作制动器所规定的制动距离。

＊特别特别重要的一点：附加制动器一定要可靠地作用在主驱动轴上，而不是同工作制动器一样作用于电动机的高速轴上。必须能够承担起因减速箱和传动机构的失效致使制动器失效，所引发的制动保护任务。

3. 附加制动器的试验（A2.3.4 项）

（1）检查在附加制动器动作开始时是否能够强制切断控制回路。

（2）自动扶梯监督检验时，将自动载荷均匀分布在上部 2/3 的可见梯级上进行试验；自动人行道监督检验以及受检自动扶梯定期检验时，进行空载试验。在工作制动器松开状态下，受检自动扶梯下行时触发附加制动器动作，观察附加制动器是否能够使受检自动扶梯可靠制停。

（3）当受检自动扶梯设有两个及以上驱动主机，并且采用工作制动器互为附加制动器时，检查每一制动器是否符合上述（1）（2）的要求。

三、“安全可靠/舒适方便”之于——使用管理的其他规定

（1）自动扶梯应有专人负责操作与保养，保养人员应具有机、电两方面的基础知识和操作技能，并经过自动扶梯的专业培训**取证**。

（2）启动前应消除梯级、梯级与梳齿板之间的杂物和垃圾。

（3）自动扶梯应空载启动，启动时不允许载客。

（4）自动扶梯的启动时间一般整定为 2～3min，启动过程如发现异常声响或其他不正常现象应立即停梯检查，找出原因并予以消除后，方可再行启动。

（5）梳齿板的齿若相邻断掉两个以上，应更换梳齿板。

（6）自动扶梯不能作运送货物之用，乘客必须穿鞋，小孩子乘梯要有大人带领。

（7）乘客乘梯必须面朝运行方向。

第二章 扶梯的结构

自动扶梯结构，当然最大限度地要遵循安全可靠/方便舒适的原则。

1892年，美国人乔治·H·韦勒，设计出了与梯级同步运行的活动扶手带，解决乘客乘梯的安全问题，并以“活动扶手”获得了发明专利。

这项设计使得扶梯由此而变成了“脚可踩/手可扶”的安全运输工具。因而它被专家誉为开辟了自动扶梯发展新天地，是一个巨大的里程碑。其作用丝毫不亚于奥的斯先生发明的安全钳之于垂直电梯。

1900年，由奥的斯先生创建的美国奥的斯公司，在购买了“活动扶手带”专利之后，在巴黎召开的国际博览会上，首次展出梯级是水平阶梯式的自动扶梯，它标志着人类自动扶梯的完善。

一、扶梯的结构组成

需要特别强调的是：从1900年至今，自动扶梯的结构几乎没再发生大的变化。这说明扶梯的结构已经堪称完美！近乎极致地符合了“安全可靠/舒适方便”的主原则，其结构组成如图2-1所示。

自动扶梯的结构可以概括为：“二路、八板、一基础、安全控制传动组。”

二路：是指梯路和带路。梯路是指梯级之路；带路就是扶手带之路。从字面上讲，扶梯就是由扶手带和梯级的第一个字组成。可以说，它们是扶梯的两个最主要的部件，相辅相成，并且牵一发动全身。只要有一节梯级被卡住，整台扶梯就得停止；只要扶手带有一处被卡，整条扶手带都要受到影响，都会影响整个扶梯的运行。它们是与乘客关系最密切的部件，有了扶手带和梯级，乘客才有了“扶手之处和立足之地”，它们一同出来一同进去始终陪伴着乘客。

梯路包括梯级、梯级链、梯级导轨、上下转向壁等。

带路包括扶手带、导轨、支架、换向链、托辊、滑轮群、张紧轮群等。

八板：是指检修盖板（楼层板）、前沿板、梳齿支撑板、梳齿板、围裙板、盖板（内/外/扶手）、护壁板、外装饰板。

一基础：是指桁架。因为自动扶梯所有部件都安装在桁架上，都是以它为基准作为靠山。依赖于它的平直、刚强及几何尺寸的正确，它必须能够承受足够的负载和振动。它是众多品牌质量和价格区分的一个重要部件。

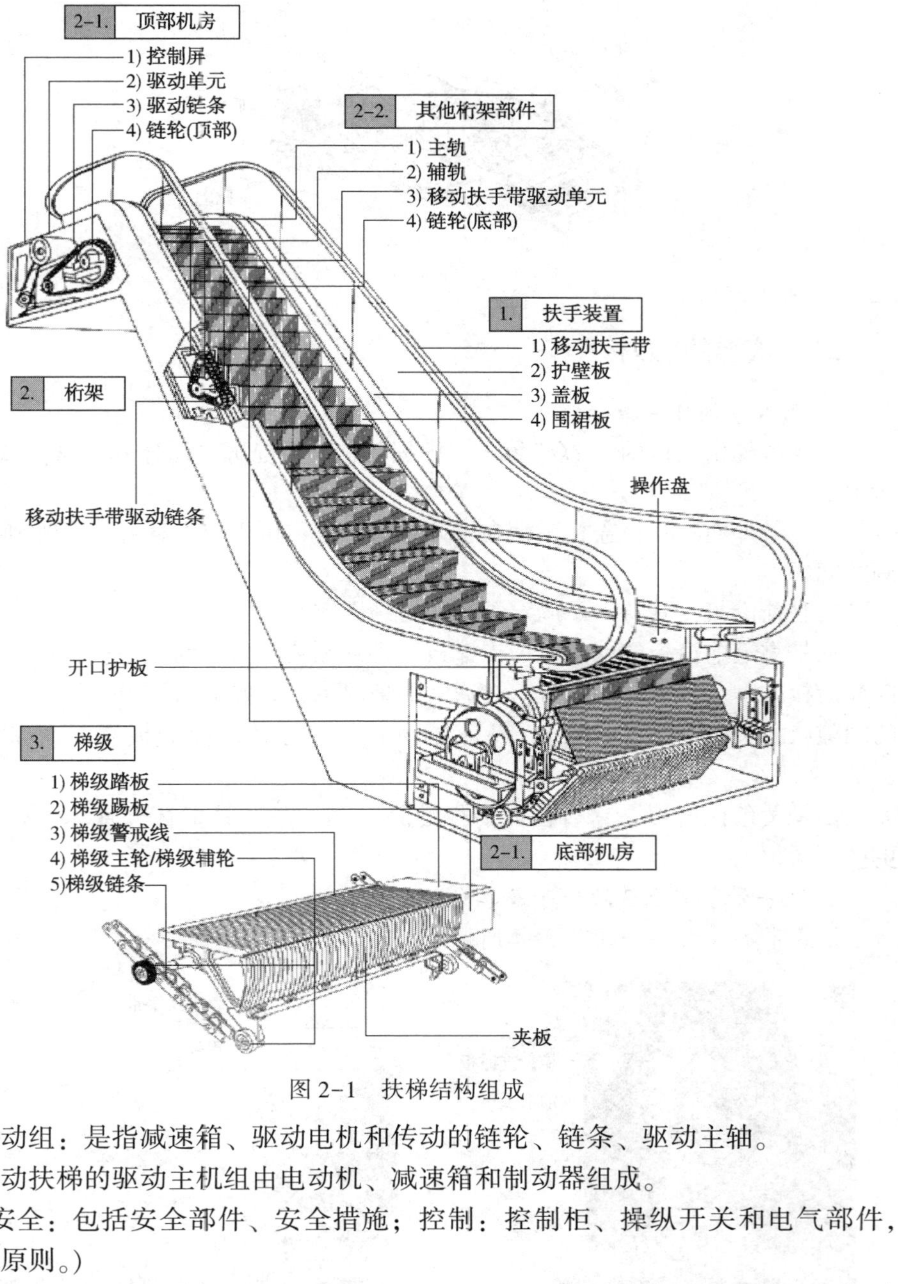

图 2-1　扶梯结构组成

传动组：是指减速箱、驱动电机和传动的链轮、链条、驱动主轴。

自动扶梯的驱动主机组由电动机、减速箱和制动器组成。

（安全：包括安全部件、安全措施；控制：控制柜、操纵开关和电气部件，及控制原则。）

参看图 2-2 的实例，自动扶梯的结构组成还可以简单地概括为一句话：梯路带路上基础，八块板子封四周，安全控制传动组。

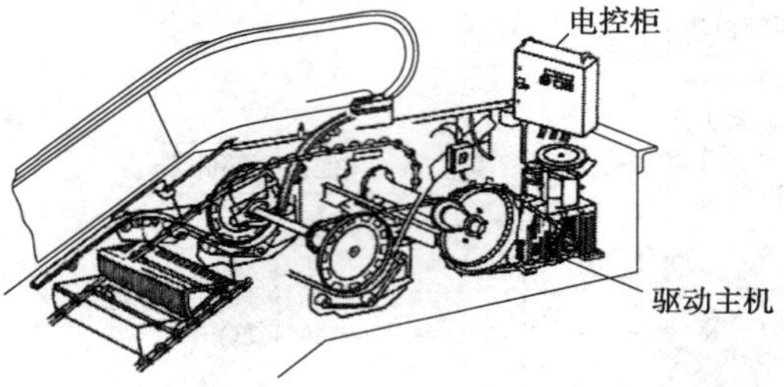

图 2-2　上置式机房示意图

二、扶梯的“八板”

1. 出入口的 4 块板子

自动扶梯出入口的“一众”板子，根据其移动情况可以划分成 4 块，如图 2-3 所示。

一是最外面的检修盖板，盖在检修空间之上，可以向上移开，牵扯到一个监测的问题。

二是前沿板，其特点是固定不动相对稳固牢靠。

三是靠近前沿板的就是梳齿支撑板，另一侧装着黄色的梳齿板，可以整体地向前沿板的一边水平移动靠近。在通常的情况下，它要与前沿板保持不小于 4mm 的间隙(由图上的粗线示意)，以备异物卡入后能够向前沿板靠近而完成移动保护。

四是黄色梳齿板，它装在前沿板的另一侧，是个易损坏部件，需要经常性更换。

2. 扶手带装置上 3 块板子及各种盖板的分类

扶手带上 3 块板子如图 2-4 所示。

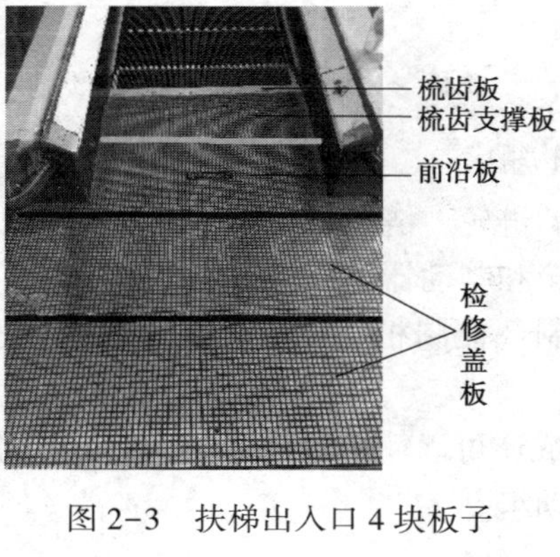

图 2-3　扶梯出入口 4 块板子

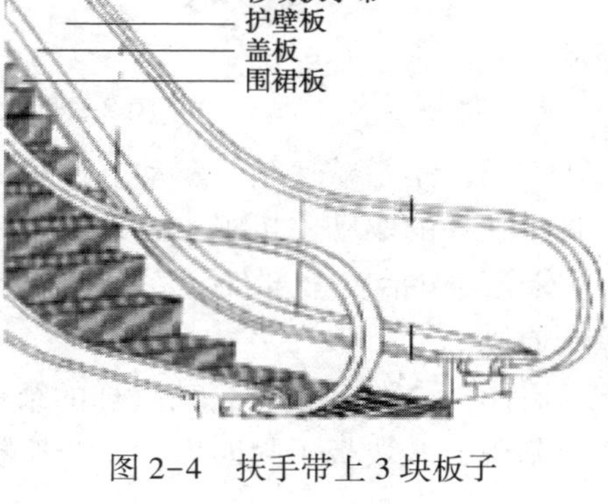

图 2-4　扶手带上 3 块板子

扶手带装置自下而上，在下端与梯级、踏板、胶带相邻的扶手带的垂直部分称为围裙板；在围裙板以上，扶手带下面的竖立板，叫作护壁板。

较宽的围群板上方，总是要“盖着”盖板，内侧的称内盖板，外侧的称外盖板；平的称平盖板，斜的叫作斜盖板。

加厚的护壁板，如公用交通型的，其护壁板的上端也要“盖上”扶手盖板。扶手盖板是与扶手带导轨相接并且形成扶手装置顶部覆盖面的横向部件。最典型的就是装有防滑装置的扶手盖板。

自动扶梯的第八板外装饰板是指从外侧盖板起，将自动扶梯或者自动人行道桁架封闭起来的装饰板，称作外装饰板。

何谓楼层板？GB 16899—2011 中没有明确定义和指认，于是大家莫衷一是。但是，顾名思义，楼层板一定是和安装在楼层上有关联的，而且，它自始至终也关联着一个监测问题。大家都知道，在自动扶梯的众多“板子”里面，也只有检修盖板涉及监控的问题。那么，楼层板和检修板一定就是同一个东西，在不同场景下的不同称谓罢了。

第三章 风险评估与管理

自动扶梯不是用于送货，而是运送乘客，因此“安全可靠/方便舒适”是其主原则。因此自动扶梯还必须对其方方面面进行全方位的风险评估。

一、自动扶梯重大危险源的类型

按照对自动扶梯和自动人行道风险评价方法，识别出有如下的重大危险、危险状态和事件，必须采取措施消除或控制。

（1）机械危险，由于机器设计或接近机器的原因，在扶梯上以及紧邻区域可能发生的危险。

（2）电气危险，包括人体与带电部件接触、间接接触、不适当的紧急停止开关、电气器件的装配错误、静电现象、外界对电气设备的影响等。

（3）辐射危险，包括由机器产生的电磁辐射及受到外界的电磁辐射。

（4）火灾危险，指可燃材料在桁架内部的积聚，电缆线的绝缘材料和驱动的过载可能产生火灾危险。

（5）设计时忽略人类工效学原则产生的危险，包括忽视使用者人类工效学尺寸(如扶手高度)、工作场所和通道照明不足、缺少重物提升装置。

（6）控制电路失效产生的危险，包括未制停、短路、过载、停止后意外启动、驱动的意外逆转、超速、制停过程中间速度过大。

（7）运行期间断裂或破裂产生的危险。

（8）滑倒、绊倒和跌倒的危险。

（9）该机器特有的危险，包括梯级或踏板的缺失、被手动盘车装置卡住、运送除人员外的其他物品、爬上扶手装置的外侧、在扶手装置间滑行、翻越扶手装置、在扶手上玩耍、在扶手装置附近堆放物品、交通阻塞、客流干扰、被扶手带提起、跌落。

看完这份危险源清单，给我们的感觉是自动扶梯太安全了，我们能想到的和我们没想到，人家都考虑了。但是，我们并不能因此而掉以轻心。

有一种说法是：有了电梯才有了电梯事故；自动扶梯也确实存在着基于结构原理的需要防范和注意的四大问题。

第一个需要防范和注意的是，针对所有爱凑热闹乘客的，因拥堵导致制动器失效，进而演变成的失控滑行。

最典型的场景就是，开业酬宾大促销。

具体的安全措施和要求有：配置附加制动器/主驱动链监控。

第二个需要防范和注意的是，特别针对小孩子的自动扶梯四大挤夹（梯级/裙板、梯级/梳齿、梯级/梯级、扶手带入口处的挤夹）。

具体的安全措施和要求有：

（1）为了防止围裙板与梯级的挤夹，要求：单边小于 4mm，两边和小于 7mm；设防夹装置/裙板保护装置。

（2）为了防止梳齿板与梯级的挤夹，要求：梳齿啮合大于 4mm，侧隙小于 4mm；设梳齿板异物保护装置。

（3）为了防止梯级与梯级的挤夹，要求：梯级之间的间隙小于 6mm；设梯级运行监控装置。

（4）为了防止梯级与梯级的挤夹，要求：扶手带入口的位置 3 个尺寸规定；设扶手带入口保护装置。

第三个需要防范和注意的是，尤其针对老年乘客，自动扶梯上的跌倒；梯级塌陷和缺失保护装置/周边照明。

扶手带与梯级不同步，速度偏差超出 0~+2%；大于 15%的，自动监控保护。梯级速度偏离，不大于 5%；大于 20%的，自动监控保护。

第四个需要防范和注意的是，尤其是对于少年乘客的自动扶梯周边的跌落。阻挡装置/防爬装置/防滑装置。

梯级黄边警戒线是四大防范的基石和基础。

乘客必须准确踏地在梯级警戒黄边内，包括把衣物控制在黄边内；要保证将小孩子管制在警戒黄边范围内，尤其是不能让他们有将手指头、脚指头插入围裙板/梯级之间或是梯级/梯级之间的可能性。当警戒黄边消失时，要迅速跨离梯级，保证小孩子的手指头、脚指头等不能受到相交线的伤害。

在现实中，近些年来常见的典型事故类型：

（1）出入口滑倒、摔伤；

（2）人群拥挤、挤压；

（3）与周邻障碍物碰伤、挤死；

（4）小车沿通道冲撞乘客；

（5）停不下来，造成踩踏；

（6）开裂、折断的现象。

尤其是湖北荆州市安良百货商场发生的 2015 年 7·26 自动扶梯“吞人”事件

更是震惊全国。

上面不是说过自动扶梯很安全吗，为何又有这么多形形色色的扶梯事故呢？

因为自动扶梯不仅有设计、制造、安装的缺陷，还有维保、检修使用管理的缺陷，不到位，甚至缺失的问题。

使用/管理方面的问题？

EN81—1/GB 7588 在其前言的 0.3.7 条中声明：在某些情况下，使用人员可能做出某种鲁莽动作，本标准没有考虑同时发生的两种鲁莽动作的可能性和(或)违反电梯使用说明的情况。很显然，违反使用说明的情况，不予保障；两个以上同时发生的不安全行为，无法保障。

EN115/GB 16899—1997 引言的 0.7 条规定："在制定本标准时，已注意到在某些情况下使用者的鲁莽轻率行为，但本标准所考虑的是正常使用而不是滥用。"因此，乘客必须对自己的行为负责。

其实，绝对安全是很难达到，也是没必要追求的。可以说，一切安全都是在成本与接受度之间达成的一个相对平衡。这就是安全相当性的道理。

何谓安全？安全是指消除了不可以接受的风险。不可能有绝对安全，某些风险是可以残留的。因此，产品或者过程(如：操作、使用、检查、测试或维护)只能是相对安全的。那一种无危为"安"无损为"全"的理念只是相对而言。

事故的发生都是物的不安全因素与人的不安全行为，再加上某些外部偶然因素的介入，巧合构成。因此我们检验工作的主要任务就是要发现物的不安全因素，通过整治消除，使物达到本质安全的要求。当然了，检验人员也有劝诫和教育使用者消除不安全因素的义务。

既然自动扶梯在理论上有风险，在现实中有危险，那么必须对其进行技术规范，还要纳入特种设备范围，依法实施管理。

二、自动扶梯的技术规范问题

自动扶梯种类繁多，五花八门，但是无论是哪一种类的自动扶梯，也无论它的性能指标如何，其制造、安装、检验、使用都必须达到相应标准和技术规范的要求。

自动扶梯与自动人行道的主标准是：GB 16899—2011《自动扶梯和自动人行道的制造与安装安全规范》。该标准的制定目的是："保证在运行、维修和检查工作期间人员和物体安全，防止意外发生。"由此可知，GB 16899—2011 就是保证自动扶梯安全的基础，是保证使用人员、维修人员和检查人员安全的根本。

自动扶梯与自动人行道主要技术规范是：TSG T7001—2023《电梯监督检验和定期检验规则》。它确定了自动扶梯与自动人行道能不能安全使用的技术规范。

可以对自动扶梯做如下的分类梳理：

1. 按驱动装置特点分

（1）外机房式和内机房式；

（2）端部驱动和中间驱动；

（3）立式驱动和卧式驱；

（4）主轴外驱动和主轴内驱；

（5）单驱动和双驱动。

2. 按牵引结构分

链条式和齿条式。

3. 按扶手支撑结构分

全透明式、半透明式、不透明式、直撑式、斜撑式。

4. 按梯级线型分

直线型和螺旋型（sprial、helical）。

5. 按负载类型分

普通型和公共交通型（普通型和重载型）

可以用如下主技术参数表征自动扶梯的性能：

（1）提升高度（rised height）H：自动扶梯进出口两楼层板之间的垂直距离。（自动扶梯上、下水平梯级踏面之间的高度）。

（2）额定速度（rated speed）V：梯级在额定载荷下的运行速度。

（3）倾斜角度（angle of inclination）α：梯级运行方向与水平面构成的夹角。

（4）梯级宽度（step width）Z：指名义宽度（指梯级承载区域的宽度）。

（5）最大输送能力（maximumcapacipy）：在运行条件下，可达到的最大人员流量。

（6）使用区长度：使用区长度的概念，意指扶梯上检修盖板的最外缘与下检修盖板的最外缘之间的水平距离。

三、划入特种设备依法管理

包括依法保障使用、保障维保、保障检验。

自动扶梯/自动人行道原本是一个典型的连续性的运输设备。GB 16899—2011《自动扶梯和自动人行道的制造与安装安全规范》给出了完整的定义。**自动扶梯**，是指带有循环运行梯级，用于向上或向下倾斜运输乘客的固定电力驱动设备；**自动人行道**，是指带有循环运行（板式或带式）走道，用于水平或倾斜角不大于12°运输乘客的固定电力驱动设备（注：自动扶梯/自动人行道是机器，即使在非运行状态下，也不能当作固定通道使用）。

然而，《特种设备条例》和《特种设备安全法》，又将其强行定义到了特种设备的范围，并且成了电梯的一大类型。

在国务院颁布的《特种设备目录》中是这样定义的：电梯是指动力驱动，利用沿刚性导轨运行的箱体或者沿固定线路运行的梯级(踏步)，进行升降或者平行运送人、货物的机电设备，包括载人(货)电梯、自动扶梯、自动人行道等(非公共场所安装且仅供单一家庭使用的电梯除外)。共分为以下四个类别。

(1) 曳引与强制驱动电梯(以下简称电梯)，包括三个品种：曳引驱动乘客电梯、曳引驱动载货电梯、强制驱动载货电梯。

(2) 液压驱动电梯，包括两个品种：液压乘客电梯、液压载货电梯。

(3) 自动扶梯与自动人行道(以下简称扶梯)，包括两个品种：自动扶梯、自动人行道。

(4) 其他类型电梯，包括三个品种：防爆电梯、消防员电梯、杂物电梯。

自此，自动扶梯与自动人行道就被划归到了特种设备电梯行列，依法实施管理。

第四章　安全空间

从安全空间角度能够更容易理解和认识自动扶梯和自动扶梯检验。

安全空间几乎是自动扶梯或自动人行道特有的检验项目，它包括了距离尺寸的要求，以及相关的安全保证措施。对于检修作业人员而言，可以称为安全空间；但对于使用者来说可以更确切地称为，是要保证乘梯人安全的一个自由空间。自由空间的概念出自 GB 16899—2011《自动扶梯和自动人行道的制造与安装安全规范》的附录 A。

一、安全空间所包括的内容

（一）驱动站与转向站

驱动站与转向站，基本上与垂直电梯的机房相类似，有六个要点，务必要检查到位：

1. 工作区域(A2.2.1.5 项)

（1）在机房，尤其是在桁架内部的驱动站与转向站内，应当有一个足够的站立空间，站立面积不小于 0.3m^2，短边不小于 0.5m。

（2）当主驱动装置或者制动装置在梯级、踏板或者胶带载客分支和返回分支之间时，在工作区段应当提供一个水平的立足区域，其面积不小于 0.12m^2，短边不小于 0.3m。

（3）在分离机房内的控制柜前有一块净空间，其深度不小于 0.70m，宽度不小于 0.5m 与控制柜全宽的较大者，净高度不小于 2.00m。

（4）在分离机房内对运动部件进行维护和检查以及紧急操作的地方有一块不小于 0.50m×0.60m 的水平净空间，其净高度不小于 2.00m。

2. 转动部件的防护(A2.2.1.6 项)

如果转动部件易接近或者对人体有危险，应当设置有效的防护装置，特别是必须在内部进行维修作业的驱动站或者转向站的梯级和踏板转向部分。

3. 照明(A2.2.1.1 项)

在分离机房内应设置永久性的固定照明；

在桁架内的驱动站与转向站以及机房中应提供可移动的电气照明装置。

4. 电气绝缘

一切带电的物体，都要进行绝缘处理。

5. 接地

电通到哪里，哪里就要进行接地处理。

6. 电源插座

在桁架内的驱动站与转向站以及机房中应当配置符合下列条件之一的电源插座：

（1）2P+PE 型 250V，由主电源直接供电；

（2）符合安全特低电压的供电要求（确定无须使用 220V 的电动工具）。

实际上，**在一切的驱动站、转向站等检修空间都应该设置 2P+PE 型的检修插座。**

（二）出入口空间保护

有两个要点：

1. 出入口区域（A2. 2. 2. 2 项）

出入口空间的大小，或畅通区域的要求是：自动扶梯或自动人行道的出入口，应有充分的**畅通区域**，以容纳人员。

如图 4-1 所示，该区域的宽度至少为扶手带外缘之间加上每边各 80mm，其纵深尺寸从扶手装置端部起至少为 2. 5m。

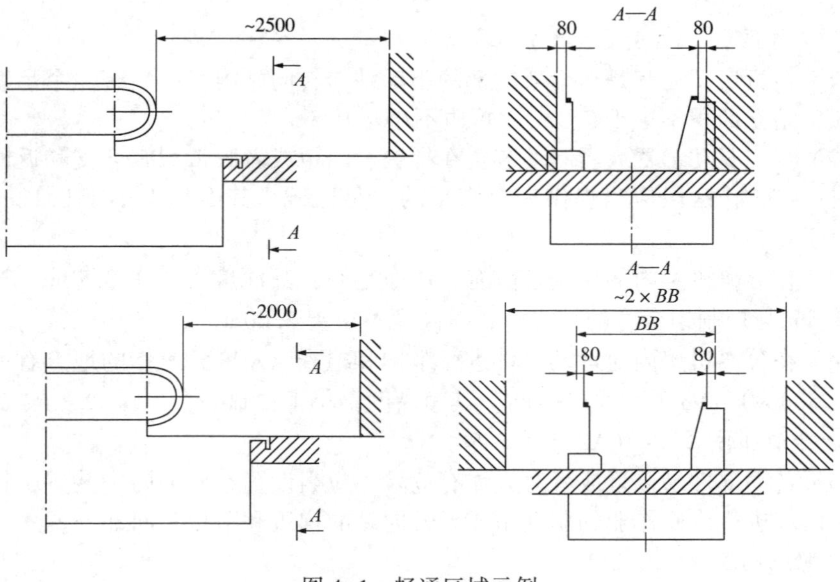

图 4-1　畅通区域示例

【通融变通性】

如果该区域的宽度增至扶手带外缘之间加上每边各 80mm 的两倍以上，则其纵深尺寸从扶手装置端部起允许减少但至少为 2. 0m。

对于连续布置的自动扶梯或自动人行道，畅通区域的纵深尺寸应根据使用类型的具体情况具体确定。

2. 出入口防护装置(A2.2.2.3 项)

如果人员在出入口的自动扶梯或自动人行道可能接触到扶手带的外缘并引起危险(例如从扶手装置处跌落)，则应检查是否设置能够阻止乘客进入该区域的永久性的防护装置，或者有符合以下技术规范和要求的永久固定性的防护装置。

例如：图 4-2。

图 4-2　专门的固定阻挡装置

(1)(专门)设置**固定的阻挡装置，从楼层板起高度不小于 1100mm**，以阻止进入该空间。

通常在扶梯上端采用这种防跌的形式，为了平衡相称，尽管没有防范跌落任务，在下端也采用同样的形式。例如，图 4-3。

(2) 在危险区域内，**由建筑结构形成的固定护栏，或是由格栅形成的固定护栏**，至少增加到高出扶手带 100mm，并位于扶手带外缘 80~120mm，TSG T7001—2023 还规定其从楼层板起的总高度不小于 1100mm。

因为在出入口危险区域内，对于由局部建筑结构形成的固定护栏，以及由格栅结构形成的固定护栏，增大了绕过的风险，因此当孔洞大于 120mm 时，就应设置**阻挡装置，而不是允许达到 125mm。**

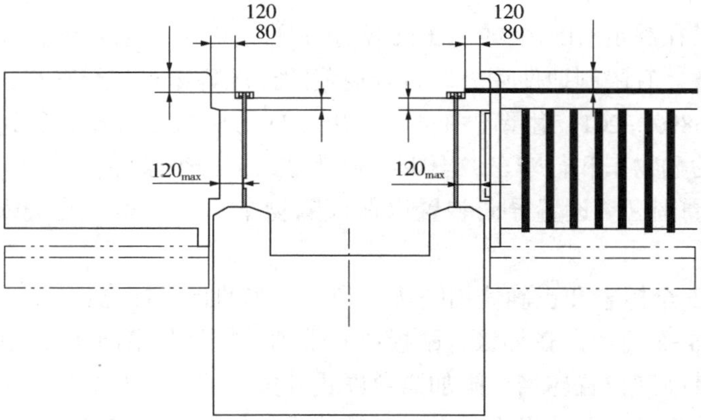

图 4-3　由建筑结构形成的固定护栏

通常，在扶梯上端采用这种防跌形式，在下端就选用没有防跌功能的“外盖板阻挡装置”。

（3）购物车和行李车的阻挡装置。自动扶梯和自动人行道，原本只是用来运送乘客，并不是用来运送货物的。

因为使用自动扶梯运物的风险更大，**因此一般不允许在自动扶梯上使用购物车和行李车，因为这将导致危险状态。**

造成上述危险状态的主要原因是：可预见的误用、超载及宽度限制。如果在自动扶梯的周围可以使用购物车和（或）行李车的话，应当设置适当的障碍物阻止其进入自动扶梯。如图 4-4 所示，就是在地铁站和飞机场最常见的购物车和行李车阻挡装置。

图 4-4　购物车和行李车阻挡装置

但是如果在满足 GB 16899—2011 附录 I 的条件下，也允许自动扶梯与自动人行道有条件、有限制地使用一些符合规范的标准购物车和行李车。

从 GB 16899—2011 附录 I 中可以看出，自动扶梯与自动人行道允许使用符合规范合适的购物车和行李车，至少必须满足以下四个条件：

① 要在周围区域设置**导向装置**以保证购物车和行李车正确进入自动扶梯与自动人行道；

② 设置**安全标志**和正确使用购物车和行李车的**指示标志**；

③ 如图 4-5 所示，在梯级、踏板或胶带到达梳齿与踏面相交之前 2.0~3.0m 处，在扶手带高度位置应增设**附加紧急停止开关**。该急停开关应能从自动扶梯或自动人行道乘客站立区域操作，在出口处的紧急停止开关应能从自动扶梯或自动人行道外部操作。

图 4-5　附加紧急停止装置示意图

（4）**设置非标准购物车和行李车的阻挡装置。**因为在自动扶梯或自动人行道区域使用不符合规定的购物车和行李车存在误用的严重风险，因此有必要设置阻止其进入自动扶梯或自动人行道区域的阻挡装置。

非标准购物车和行李车的阻挡装置的图例在哪里呢？目前还未看到过。但是，绝大部分商场都安排了服务人员，他们可以帮助引导顾客正确使用标准的购物车和行李车，当然也会起到阻止非标准购物车和行李车的使用。

（三）垂直净高度（A2. 2. 2. 4 项）

垂直净高度如图 4-6 所示。

（1）自动扶梯或自动人行道的梯级、踏板或胶带上方，垂直净高 h_4 不应小于 2. 3m。该垂直净高度延伸到扶手转向端端部。

（2）为防止碰撞，自动扶梯或自动人行道的周围，从自动扶梯或自动人行道的踏板或胶带起测量的高度 h_{12} 不应小于 2. 1m。

有人问过，那么高度到底是 2. 3m，还是 2. 1m 呢？这是不是有点自相矛盾呢？其实很好理解，在站人的梯级踏板上方，要求严一点，是不小于 2. 3m；不站人的扶手带以外部分，松一点，不小于 2. 1m。

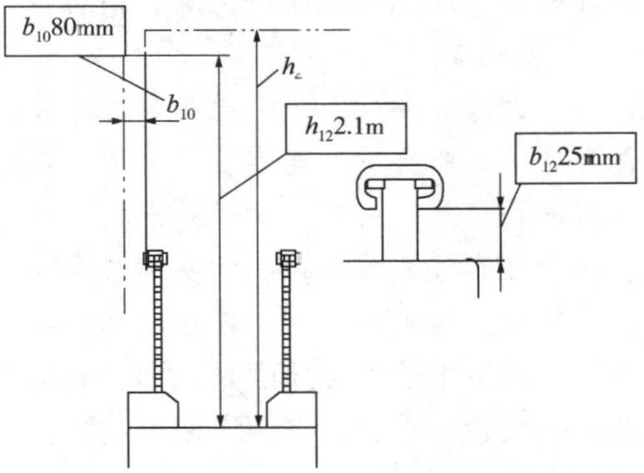

图 4-6　垂直净高度

（四）防护挡板（A2. 2. 2. 5 项）

如图 4-7 所示，如果建筑物的障碍会引起人员伤害，则应采取相应的预防措施。**特别是在与楼板交叉处，以及交叉设置的自动扶梯或自动人行道之间（80~400mm），**应当设置一个防护挡板。

图 4-7 防护挡板

防护挡板不应小于 0.3m，无锐利边缘的垂直固定封闭防护挡板，位于扶手上方，并且延伸至扶手带外缘至少 25mm。

在 80~400mm 之间，须加固定防护挡板，尤其是在向上方向能够形成小于 90°夹角处。

小于 80mm 的自动扶梯被要求禁用；大于 400mm 不存在问题。榜样的力量是无穷的，反面教训是深刻的，请看：

【案例 1】

一大型卖场内，一男孩正顺着车库通往卖场的自动扶梯往上前行，同行的伙伴在楼下大叫男孩的名字，于是男孩双手搭在电梯上伸出头向下张望。就在男孩身体向扶梯外倾斜时，脖子被卡在了运行中的扶梯与墙壁间，并随着扶梯的上升被向上拖带了几步。男孩的头颈被包裹在墙上的金属挡板划伤，当场血流不止。卖场工作人员见状，立即停运电梯，并迅速将男孩送往医院。

事故发生的直接原因是扶梯与旁边的墙壁存在夹角，而且没有设置符合要求的防护装置。乘客没有遵守使用规则，将身体和头部伸出扶手外，是造成事故发生的次要原因。

【案例 2】

一家商店自动人行道上一名 12 岁的男孩头部夹进扶梯与墙面广告牌之间的缝隙，店方工作人员、消防、民警紧急到场施救，强拆墙面后将头部重伤男孩救出送医院抢救。医院急诊科医生表示，孩子头部受伤严重，不仅外部受损，内部也受挤压，情况不容乐观。下午 5 时 30 分左右，伤者被迫转入附近一家中心医院抢救。

事故的直接原因是扶梯旁边的墙壁不是一个平面，在上行一定的距离后墙壁与安装在墙壁上的广告灯箱存在一个台阶，而广告箱与扶梯之间的距离小于500mm且广告箱的下部与扶梯扶手带之间存在夹角，该夹角又没有挡板，所以造成此次事故的发生。另外乘客没有遵守使用规则，将身体和头部伸出扶手外，是造成事故发生的次要原因。

（五）扶手带（外缘）距离（A2.2.2.6 项）

1. 与障碍物的外缘距离

墙壁或者其他障碍物与扶手带外缘之间的水平距离在任何情况下均不得小于80mm，与扶手带下缘的垂直距离均不得小于25mm。

2. 扶手带之间距离

相互邻近平行或者交错设置的自动扶梯或自动人行道，扶手带之间的距离不得小于160mm。

很好理解：每一台自动扶梯都要与扶手外缘大于80mm，那么并排的自动扶梯，互为外缘，各自需要80mm，那么它们之间的距离自然就不能小于160mm了。

（六）扶手带入口处

扶手带入口空间尺寸有3个要求：

（1）入口处最低点的距离 h_3，区间范围为0.10~0.25mm。

扶手带在扶手转向端入口处的最低点与地板之间的距离 h_3 不应小于0.10mm，也不应大于0.25mm。

从图4-8可以看出，如果 h_3 尺寸过小，则该部位容易产生尖角空间，容易夹物；如果 h_3 过大，则容易产生误碰扶手带入口装置的情况，两者都有较大的安全风险。

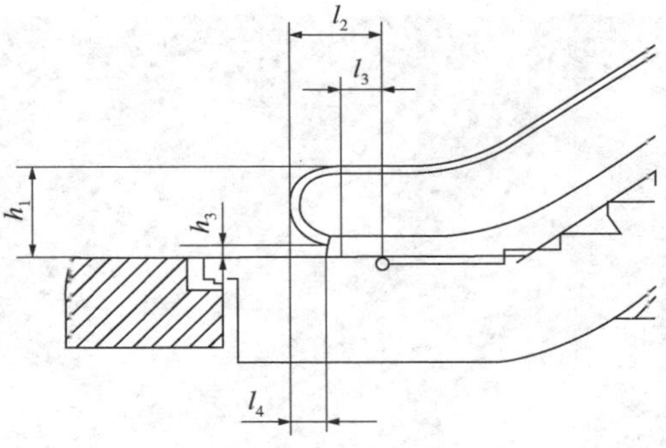

图4-8　扶手带入口

（2）入口处的水平距离 l_4，不小于0.3m。

扶手带转向端定点到扶手带入口处之间的水平距离 l_4 不应小于0.3m。

（3）入口处的带夹角，应大于 20°。

如果 l_4 大于(l_2-l_3+50mm)，则扶手带进入扶手装置时，与水平方向的夹角不应小于 20°。扶手带进入扶手装置时与水平方向的夹角过小，则存在较大安全隐患。

（七）梯级、踏板、胶带(A2. 2. 4. 1 项)

（1）检查梯级、踏板、胶带是否完好，无破损；

（2）在工作段内的任何位置，从踏面测得相邻梯级或者踏板之间的间隙不大于 6mm；在自动人行道过渡曲线段，如果踏板的前缘和相邻踏板的后缘啮合，其间隙允许增加 8mm。

检验时至少抽取 20%的可见梯级或者踏板测量相应的间隙。

此外，标准规程中多处提及的梯级、踏板或胶带，可以更准确地写成梯级/踏板/胶带，它们不是在同一设备上并存的东西。有了梯级，如自动扶梯，就没有踏板；有了踏板，如自动人行道，就没有梯级。

（八）扶手的防爬装置/阻挡装置/防滑行装置

1. 防爬装置(A2. 2. 3. 3 项)

有两个要点：

（1）设置条件。扶手装置应没有任何部位可供人员正常站立。为防止人员跌落，在自动扶梯或自动人行道一楼的外盖板上应设置防爬装置。

（2）设置规范。如图 4-9 所示，位于地面上方(1000±50)mm 处设置防爬装置；下部与外盖板相交，在平行于外盖板方向上，上下延伸长度不应小于 1000mm，并应当确保在此长度范围内无踩脚处；该装置的高度应当至少与扶手带表面齐平。

图 4-9　防爬装置

2.（外盖板上）阻挡装置（A2.2.3.4 项）

当自动扶梯或自动人行道与墙相邻，并且外盖板的宽度大于 125mm 时，在上、下端部应当安装阻挡装置，防止人员进入外盖板区域。如图 4-10 所示，当自动扶梯或自动人行道相邻平行布置，并且公用外盖板的宽度大于 125mm 时，也应安装这种阻挡装置。阻挡装置应延伸到高度距扶手带下缘 25～150mm。

图 4-10　阻挡装置

关于外盖板上的阻挡装置：

这种阻挡装置没有防跌落的任务，因此区别于在出入口的靠近扶手带外缘可能引起跌落的阻挡装置，它更多地出现在自动扶梯下端的出入口，有以下两点需要进一步说明：

① 相互邻近平行或者交错设置的自动扶梯或自动人行道之间必须加装阻挡装置。因为相互邻近平行或者交错设置的自动扶梯或自动人行道扶手带之间的距离不得小于 160mm，远远大于了 125mm，因此相邻扶梯之间，显然需要加装阻挡装置。

② 到底是按大于 125mm 要求，还是按大于 120mm 要求设置阻挡装置？

当自动扶梯与墙相邻，且外盖板宽度大于 125mm 时，当相邻平行布置的自动扶梯之间互用的外盖板宽度大于 125mm 时，稍有放松。但是，在出入口危险区域内，对于由局部建筑结构形成的固定护栏，以及由栏栅结构形成的固定护栏，**因为是**局部的建筑结构，尤其是由栏栅结构形成的护栏，增大了绕过的风险，所以当孔洞大于 120mm 时，就应设置**阻挡装置，不能放宽到 125mm。**

榜样的力量是无穷的，反面教训是深刻的，请看：

【案例 3】

一男童从杭州一百货商场 7 楼的 2 台并行自动扶梯之间的一条宽 23cm 的缝隙中摔到了地下室死亡。该商场自从开业至今，一直用一个花盆挡住扶梯缝隙，他们认为：花盆底座直径有 28cm，植物高度和扶梯差不多，花盆很重，一般掉不下去，所以还是比较安全的。

导致发生坠落事故的直接原因是两台扶梯之间存在 230mm 的间隙，未设置合格阻挡装置。

3. 防滑行装置(A2.2.3.5 项)

当自动扶梯或倾斜式自动人行道和相邻的墙之间装有接近扶手高度的扶手盖板，并且建筑物(墙)和扶手带中心线之间的距离大于 300mm 时，应在扶手盖板上装设防滑行装置。

相邻自动扶梯或倾斜式自动人行道，扶手带中心线之间的距离大于 400mm 时，也应满足上述要求。

如图 4-11 所示，该装置应包含固定在扶手盖板上的部件，与扶手带的距离不应小于 100mm(不是 80mm)，且防滑行装置之间的距离不应大于 1800mm，高度不应小于 20mm。该装置应无锐角或锐边。

图 4-11　阻挡装置

(九) 扶手装置要求(A2.2.3.1 项)

1. 外观要求

扶手带完好，表面无龟裂、剥离、严重磨损，扶手带单一开裂处最大裂纹宽度不小于 3mm。

朝向梯级、踏板或者胶带一侧扶手装置部分应光滑、齐平。其压条或者镶条的装设方向与运行方向不一致时，其凸出高度不应大于 3mm，其边缘呈圆角或者倒角状；沿运行方向的盖板连接处结构能够防止勾绊。围裙板与护壁板之间的连接处的结构应无产生勾绊的危险。

如图 4-12 所示，扶手带开口处与导轨或者扶手支架之间的距离在任何情况下均不允许超过 8mm。

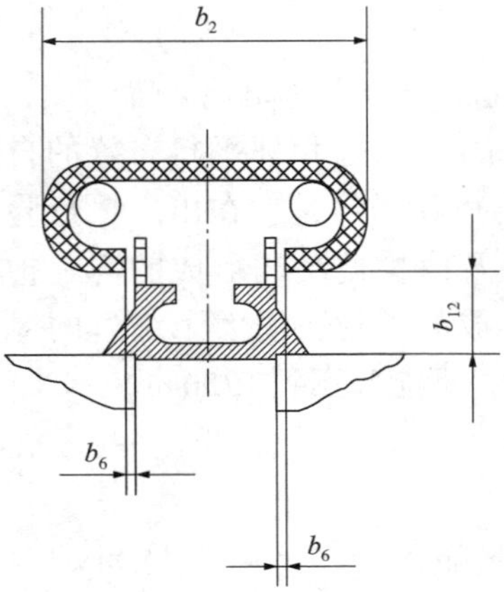

图 4-12　扶手带开口间隙

基本上是要保证手指不能插入。

2. 尺寸要求

如图 4-13 所示，为了确保扶手之功用，扶手带装置有三个尺寸要求：

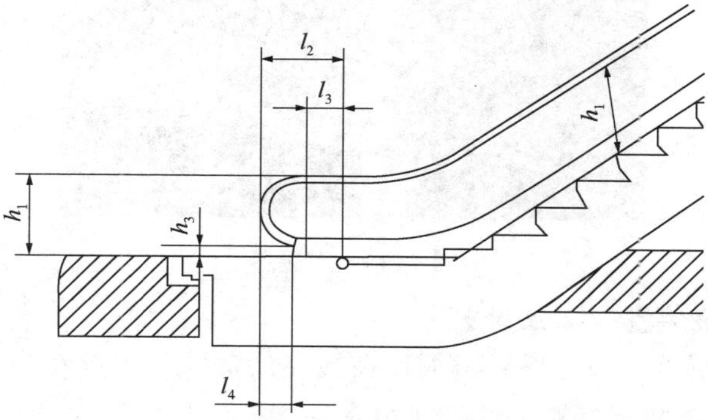

图 4-13　扶手带装置参数

（1）扶手装置的高度。扶手带顶面距离梯级前缘或踏板表面或胶带表面之间的垂直距离 h_1 应大于 0. 9m 但不大于 1. 10m。扶手装置高度是根据人机结构原理而确定的，与乘客的平均重心相关。扶手装置的高度会直接影响到自动扶梯的外形轮廓以及乘梯的舒适感，影响到乘客的安全性。

（2）转向端水平距离。扶手转向端(包括扶手带在内)，距离梳齿与踏板相交线的纵深水平距离 12 不小于 0. 6m。

（3）扶手带水平段的长度。在出入口，扶手带水平段的延伸长度自梳齿与踏板相交线 l_3 不应小于 0. 3m。

这三个尺寸要求都是为了确保乘客安全地出入自动扶梯与自动人行道。因为在扶手端位置，乘客是要在静止的地板与梯级或踏板两者之间进行过渡，存在因惯性而产生不平衡导致摔倒的风险。如果上述尺寸参数不合适，则难以起到扶手作用，增加了不安全因素。

（十）护壁板之间的空隙(A2. 2. 3. 6 项)

护壁板之间的间隙不应大于 4mm，其边缘应呈圆角或倒角状。

（十一）梯级、踏板或胶带与围裙板间隙(A2. 2. 3. 7 项)

要求：单侧不大于 4mm；两侧之和不大于 7mm；围裙板设置在踏板之上时，踏板表面与围裙板下端的垂直间隙不大于 4mm，踏板侧边与围裙板垂直投影不产生间隙。

测量工具：斜塞尺。

（十二）围裙板接缝(A2. 2. 3. 8 项)

围裙板接缝必须垂直、光滑，为图 4-14 所示的对接缝。

图 4-14 对接缝

(十三) 防夹装置(A2. 2. 3. 9 项)

如图 4-15 所示，因为梯级裙板存在被夹的危险，因此在自动扶梯的围裙板上应当装设围裙板防夹装置。这是强制要求，对新安装有要求，对在用的也要强制要求。

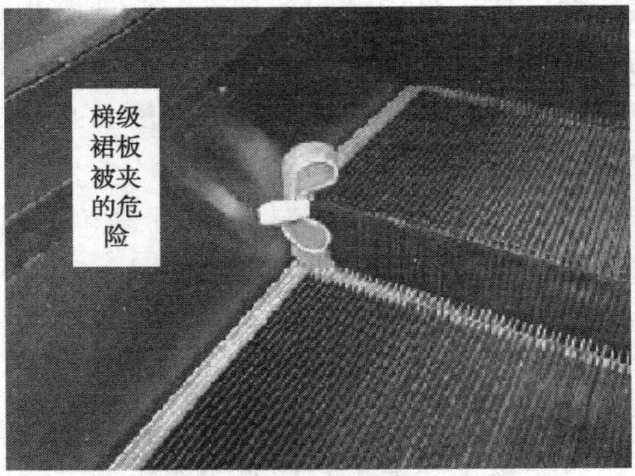

图 4-15 梯级裙板被夹

技术规范有七个要点：

(1) **由刚性和柔性部件**(例如毛刷、橡胶型材)组成。

(2) 从围裙板垂直表面起的**突出量**最小 33mm，最大 50mm。

(3) 刚性部件应有 18～25mm 的水平突出量，柔性部件的水平突出量最小 15mm，最大 30mm。

(4) 在倾斜区段，围裙板防夹装置的刚性部件最下缘与梯级前缘连线的**垂直距离应在 25mm 和 30mm 之间。**

(5) 在过渡段和水平段，围裙板防夹装置表面**最高位置的距离应在 25mm 和 55mm 之间。**

(6) 刚性部件的下表面与围裙板**形成向上不小于 25°的倾斜角**，其上表面与围裙板**形成向下不小于 25°的倾斜角**。

(7) 围裙板防夹装置的末端部分应当逐渐缩减并与围裙板**平滑相连**。围裙板防夹装置的端点应当位于梳齿与踏面相交线前(梯级侧)**不小于 50mm，最大 150mm。如图 4-16 所示，应无松动和缺损现象。**

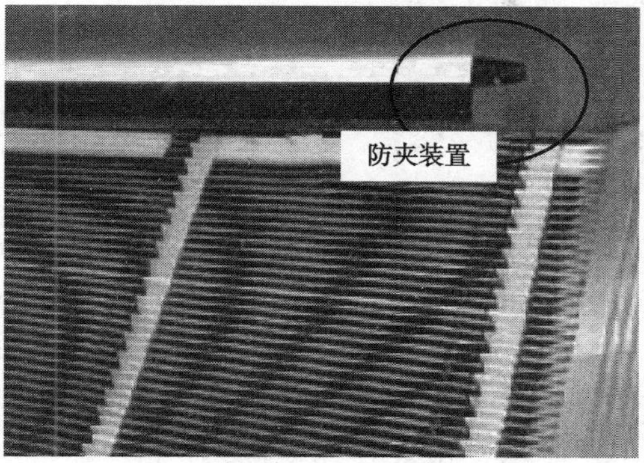

图 4-16 防夹装置末端要求

(十四) 梳齿与梳齿板(A2.2.2.9 项)

梳齿板梳齿或踏面齿应完好，不得有缺损。梳齿板梳齿或踏面齿槽的啮合深度应至少为 4mm，间隙不应超过 4mm。

"啮合"就是重合部分，间隙就是"侧间隙"。可用钢直尺和斜塞尺测量。

(十五) 安全措施

安全警示是指用特殊的光、色、物、图来提醒乘客注意安全，有周边照明/梯级间隙照明/梯级黄边警示/使用须知(出入口标识简图)等。

1. 周边照明(A2.2.2.1 项)

自动扶梯或自动人行道的周边，尤其是在梳齿板的附近应有足够的照明。照明允许安装在周围空间和(或)设备本身上。

如图 4-17 所示，在自动扶梯或自动人行道周边，特别是在梳齿板的附近应有足够的照明。

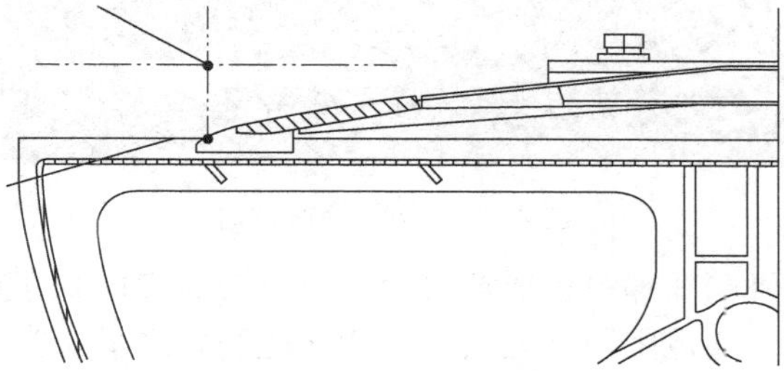

图 4-17 周边照明的测量

用照度计测量，在地面测出的**梳齿相交线处的光照度至少为50lx。**

＊在桁架内的机房、驱动站转向站，便携式照明，**光照度**不小于200lx。

2. 梯级间隙照明/扶手照明

（1）梯级间隙照明示例，见图4-18。

（2）扶手照明示例，见图4-19。

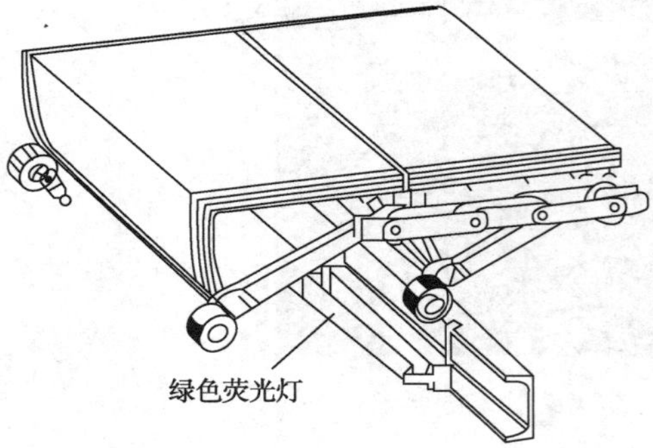

图4-18　梯级间隙照明

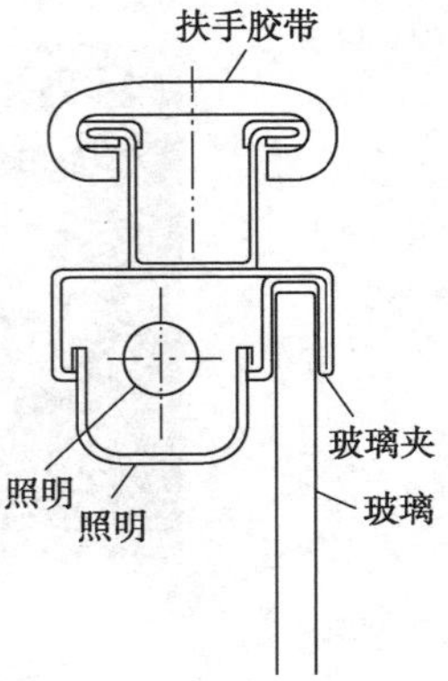

图4-19　扶手照明

3. 梯级黄边警示

用警戒黄边（图4-20）提醒乘客站立在安全区域。因为在乘梯的过程中，把身体的各部位及随身物品置于警戒黄边内是保证安全的需要。

图4-20　梯级警戒黄边

乘客一定要准确踏在梯级警戒黄边内，包括把衣物控制在黄边内；要保证将小孩子管制在警戒黄边范围内，尤其是不能让他们有将手指头、脚指头插入围裙板/梯级之间或是梯级/梯级之间的可能性。当警戒黄边消失时，要迅速跨离梯级，保证小孩子的手指头、脚指头不受到相交线的伤害。

4. 铭牌与标志(A2.2.2.11 项)

(1) 使用须知。自动扶梯或自动人行道入口处应当设置使用须知标牌，标牌须包括以下内容：

① 应拉住小孩；

② 应抱住宠物；

③ 手握扶手带；

④ **禁止使用非专用手推车(无坡度自动人行道除外)。**

这些使用须知，应尽可能用象形图表示，如图 4-21 所示。

图 4-21　乘客须知

显然，推婴儿车上扶梯是最典型的禁止行为。残疾人轮椅也不行。

(2) 产品标识。自动扶梯或自动人行道入口处，应当有产品标识，包括：

① 制造厂的名称或者商标；

② 产品型号；

③ 产品编号；

④ 制造年份、日期；

⑤ 安全检验标识。

* 改造后的受检自动扶梯，加贴铭牌上标明主要技术参数、改造单位名称或者商标、改造竣工日期。

产品标识很重要，在此不多讲。

二、关于安全空间的归纳小结

(一) 由 4 组措施和要求所构成的自由空间

自由空间组图如图 4-22 所示。

1. 垂直净高度

站人的踏面的空间高度不小于 2.3m；扶梯的外侧的空间高度不小于 2.1m。

2. 出入口空间

在自动扶梯和自动人行道的出入口，应有充分畅通的区域。共有 2 个要点。

(1) 该畅通区的宽度至少等于扶手带外缘距离加上每边各 80mm，该畅通区纵深尺寸从扶手装置端部算起至少为 2.5m。

(2) 如果该区域的宽度不小于扶手带外缘之间距离的两倍再加上每边各 80mm，则其纵深尺寸允许减少至 2m。

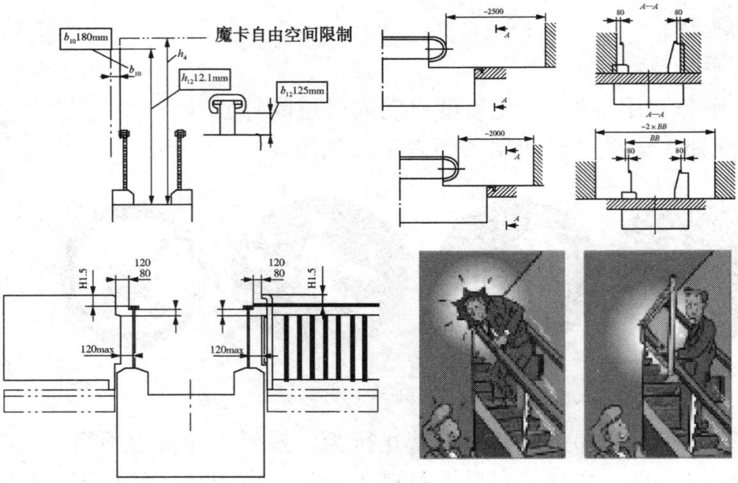

图 4-22　自由空间组图

3. 出入口围挡

如果人员在出入口的自动扶梯或自动人行道可能接触到扶手带的外缘并引起危险，例如从扶手装置处跌落，则应采取适当预防措施：

(1) 设置固定的阻挡装置以阻止进入该空间。

(2) 在危险区域内，由建筑结构形成的固定护栏至少增加到高出扶手带 100mm，并位于扶手带外缘 80~120mm。

榜样的力量是无穷的，反面教训是深刻的，请看：

【案例 4】

11 岁的彬彬随母亲李女士一起前往离家不远的书城购书。李女士在 3 楼买书时，彬彬独自一人上下自动扶梯，就在彬彬再次从 3 楼上至 4 楼时，突然意外地从自动扶梯上翻出，直坠至一楼，当时虽被火速送往医院仍无法挽救其生命。

该书城每个楼层与自动扶梯两侧之间均有 2m 宽的空隙，从一楼直通四楼，扶手两侧没有任何安全防护装置，彬彬正是从这个空隙中由三楼直坠至一楼死亡的。

4. 周边空间

（1）防护挡板。如果建筑物的障碍会引起人员伤害，则应采取相应的预防措施。**特别是在与楼板交叉处，以及交叉设置的自动扶梯或自动人行道之间（80~400mm之间）**，应当设置一个防护挡板。

（2）扶手带外缘距离。墙壁或者其他障碍物与扶手带外缘之间的水平距离在任何情况下均不得小于80mm，与扶手带下缘的垂直距离均不得小于25mm。

（3）扶手带之间距离。相互邻近平行或者交错设置的自动扶梯或自动人行道，扶手带之间的距离不得小于160mm。

（二）扶手带装置的两组尺寸要求

1. 扶手装置在出入口的三个尺寸

如图4-23所示，为了保证乘客安全地跨过出入口的相交线，扶手装置在出入口有三个尺寸要求。

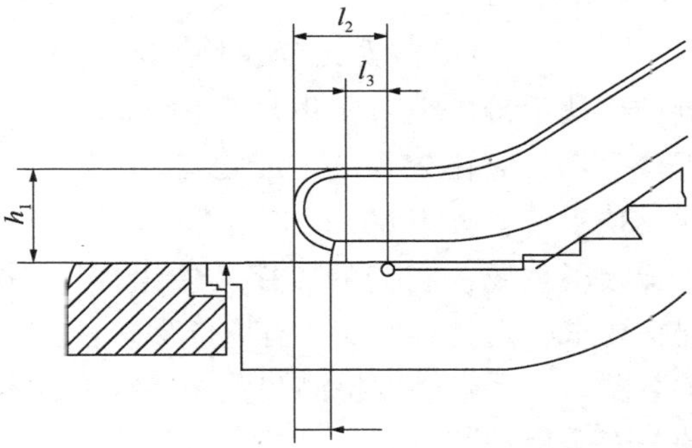

图4-23　扶手装置出入口三个尺寸

（1）扶手装置的高度。扶手带顶面距离梯级前缘或踏板表面或胶带表面之间的垂直距离 h_1 应大于0.9m但不大于1.1m。扶手装置高度是根据人机结构原理而确定的，与乘客的平均重心相关。扶手装置的高度会直接影响到自动扶梯的外形轮廓以及乘梯的舒适感，影响到乘客的安全性。

（2）转向端水平距离。扶手转向端（包括扶手带在内），距离梳齿与踏板相交线的纵深水平距离 l_2 不小于0.6m。

（3）扶手带水平段的长度。在出入口，扶手带水平段的延伸长度自梳齿与踏板相交线起 l_3 不应小于0.3m。

这三个尺寸要求都是为了确保乘客安全地出入自动扶梯与自动人行道。因为在扶手端位置，乘客是要在静止的地板与梯级或踏板两者之间进行过渡，存在因惯性而产生不平衡导致摔倒的风险。如果上述尺寸参数不合适，则难以起到扶手作用，增加了不安全因素。

2. 扶手带三度空间的尺寸要求

为了更好地保护乘客安全，保证好自动扶梯的扶手带装置，从上、下、外侧三度，规定了障碍物接近扶手带的距离，如图 4-24 所示。

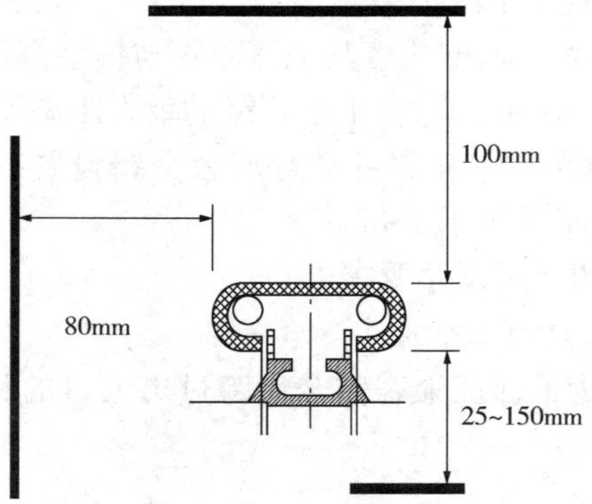

图 4-24　与扶手带关联的尺寸

（1）从上方靠近护栏扶手带，距离尺寸大于 100mm。

（2）从下方靠近扶手带，应在 25～150mm 之间。

（3）水平外侧靠近扶手带，大于 80mm。

扶手带很重要，梯级很重要，它们的首字，便组成了“扶梯”。扶手带不仅有三度空间尺寸的保护要求，而且它们还各有电气保护：扶手带入口安全保护装置、扶手带断带保护装置、扶手带速度检测装置；梯级下沉保护装置、梯级链异常保护装置、梯级缺失安全保护装置。

第五章　电气安全装置

认识各种电气安全装置，对于认识自动扶梯和自动扶梯检验，至关重要。

顾名思义，电气安全装置就是实施电气保护的装置。通常是由电气安全装置组成安全回路，构成电梯的运行条件，进而实施保护功能。电气保护可使运行的扶梯停下来，可使停止的不能启动，由于易恢复，无损伤，故广泛应用于电梯和自动扶梯的保护。

自动扶梯的电气保护还几乎都有“故障锁定”的要求。何为故障锁定？

一是电源失电或电源恢复，故障锁定应始终保持有效；

二是需要手动恢复，可以使用机械方式锁定，也可使用其他电气方式锁定。如果采用软件(储存在 EPROM)必须能够失电保存。与垂直电梯的所谓“非自动恢复”类似。

可以具象化地用“手动复位开关图”予以表达，很直观，如图 5-1 所示。

一、电气安全装置所包括的内容

图 5-1　故障锁定图解

(一) 工作制动器状态监测功能(A2. 2. 1. 7 项)

制动器松闸故障开关。在垂直电梯中经常称之制动器微动开关，是指应设置制动器系统监控的装置，共有 2 个要点：

① 当自动扶梯或自动人行道启动后，制动器没有松闸，驱动主机应立即停止。

② 故障锁定型。

(二) 驱动链电气安全装置(A2. 2. 1. 9 项)

检查当驱动主机驱动链过度松弛和断裂时，电气安全装置是否使受检自动扶梯或自动人行道自动停止运行，并且能够触发附加制动器动作(如果有)。

驱动链如果发生断裂，自动扶梯或自动人行道失去动力，并与工作制动器失去联系，会出现失控滑行。因此尽管国标没有强行规定，但许多厂家还是安装了驱动链监控装置。

图 5-2 是一种常见的机械式驱动链监控装置，滑块在自重的作用下紧贴在驱

动链上，当驱动链因为磨损伸长而下沉超过某个允许范围时，滑块使安全开关动作，使驱动主机电源断开而制动。

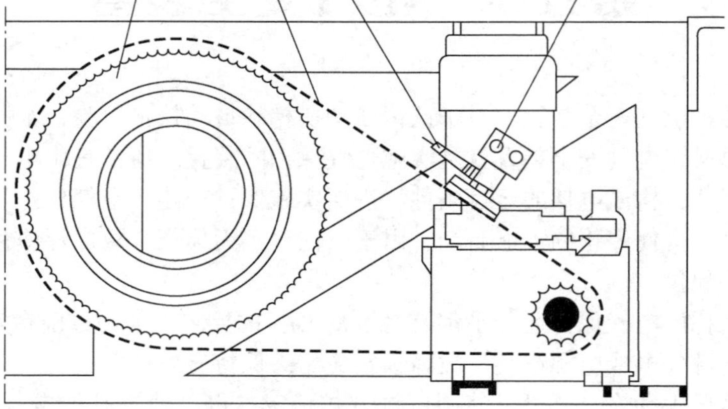

图 5-2　主驱动链保护装置

主驱动链(俗称大链)，目前很多自动扶梯主动驱动链并没有设置监控装置，甚至没有严格按标准要求配备附加制动器。其理由：一是 GB 16899—2011 在驱动主机章节中根本未曾提及距离的规定，也没有涉及保护的问题；二是主驱动链已经采用了无限设计的原则，不能没完没了地保护下去。

所以当下只能依赖检修人员的及时、认真检查检修了。

但是，**主驱动链**出现问题，如伸长脱落，可使制动器直接失效，后果是相当严重的。2011 年 7 月 5 日北京 4 号地铁线动物园站 A 口，因驱动主机地脚螺栓断裂发生移位，造成 1 人死亡、2 人重伤、26 人轻伤的逆转事故，就是典型的例证。

GB 16899—2011 中根本没有关于驱动主机组与转向装置的距离规定以及保护的要求。**主驱动链无意伸长保护问题，只能由 GB/T 15706.2 通用设计原则来规范了。这种现状与自动扶梯扮演的角色极不相配。自动扶梯是用来载人的机器，并不用于运送货物，必须妥当处置。**

最佳的方案是，每一台自动扶梯都应配置主驱动链伸长的监测装置，当伸长量大于 20%时，应当引发工作制动器制动；当发生断链时应引发附加制动器制动(如果有)。

(三) 驱动装置与转向装置之间的距离伸长或缩短(A2. 2. 4. 6 项)

驱动装置与转向装置之间的距离伸长或缩短的保护范围：±20mm。在张紧装置的移动超过±20mm 之前，自动扶梯和自动人行道应自动停止运行。

在底部机房中可以看到如图 5-3 所示的梯级链伸长与缩短保护，如果梯级链发生无意性伸长，张紧轮推动张紧杆压缩弹簧向左移动，右边的碰板碰触开关实施保护；距离缩短，左边碰板碰触开关实施保护。

图 5-3　梯级链伸长与缩短保护

关于驱动装置和转向装置距离保护的问题：

（1）为什么不是指驱动主机组与其转向装置所形成的呢？

因为在这里重点描述的驱动装置与转向装置系统，一定是指自动扶梯上所形成的三组驱动与转向系统中，唯一一套相对于乘客和工作面而言的梯级驱动和转向装置的系统。绝不会是指藏在机房里的驱动主机组及其转向装置，更不是扶手带的驱动装置和转向装置。

此外，GB 16899—2011 中根本就没有关于驱动主机组与其转向装置的距离规定以及保护的要求。

（2）何来缩短的情况呢？

梯级链条被包裹得严严实实，看都看不见，咋会有缩短的情况呢？

GB 16899—2011 中的 4. 8 指出：即使自动扶梯或自动人行道是按照标准的要求设计，仍可能因下列原因导致特殊的危险：

① 大于规定的使用者和结构载荷作用于桁架上；

② 大于规定的载荷作用于扶手装置上；

③ 因为不可预见的误用导致大于规定的载荷作用于梯级或踏板上；

④ 大于规定的载荷作用在驱动装置上。

譬如某大楼一气瓶从高空坠落砸在了梯级或踏板上，就导致了驱动装置与转向装置之间距离缩短的问题。

（四）驱动元件保护（A2. 2. 4. 5 项）

直接驱动梯级、踏板或胶带的驱动元件（如链条或齿条）断裂或者过分伸长，自动扶梯或自动人行道应自动停止运行，驱动元件保护故障锁定功能有效。

何谓驱动元件？是指运动并由此施加了动态载荷的部件。驱动元件包括：梯级主驱动轴（有断裂风险）；驱动齿轮（有断齿的风险）；牵引链（也有断裂的风险)。但无论是哪一种驱动元件的断裂，必导致梯级链过分伸长，实属是一种极端化梯级链伸长形式，如上面所讲，也必然右侧碰板会碰触开关实施保护。因此，驱动装置与转向装置距离保护，以及驱动元件断裂保护是两个独立不同的概念，但是在这个以链条作为梯级牵引构件，而且采用了端部驱动结构的自动扶梯上，这两种保护合二为一了。

(五) 检修盖板/楼层板安全保护装置(A2.2.2.8 项)

有两个要点：

(1) 应当采取适当措施(如安装楼层板防倾覆装置、螺栓固定等)，防止楼层板因人员踩踏或者自重作用而发生倾覆、翻转。

(2) 检修盖板和楼层板应配备一个监控装置。当打开桁架区域的检修盖板和(或)移去或打开楼层板时，驱动主机应当不能启动或立即停止。

监控检修盖板和楼层板的电气安全装置的设置应当符合下列要求之一：

一是移除任何一块监控检修盖板和楼层板时，电气安全装置动作；

二是如果机械结构能够保证只能先移除某一块检修盖板或者楼层板时，至少移除该块监控检修盖板和楼层板后，电气安全装置动作。

图 5-4 所示为具备故障保护的型式。应当每一块检修盖板和楼层板都设置安全保护装置。

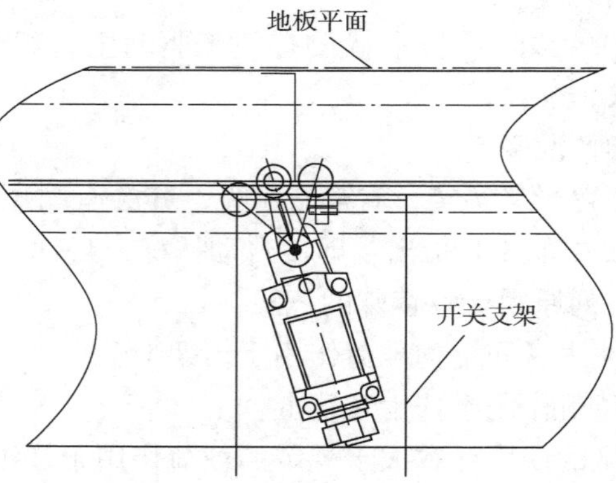

图 5-4　楼层板保护装置示例

GB 16899—2011《自动扶梯和自动人行道的制造与安装安全规范》中并没说有不安装的例外。然而在实际中，有很多的检修盖板和楼层板，并没有加装这种监控装置。

2015 年湖北荆州市**安良百货商场发生的7·26 电梯伤人事故，其自动扶梯缺少了检修盖板安全保护装置。自从这起事故后，全国很多地方的自动扶梯都标着“这些盖板我们已经试过，请放心踩踏”的字样。**

试问，检修盖板安全保护装置有没有呢？这才是问题的关键！标准规定，并无例外。

（六）梳齿异物保护装置（A2.2.2.9 项之 3）

当有异物卡入，梳齿板与梯级或者踏板发生碰撞时，自动扶梯或自动人行道停止运行。

图 5-5 示意了梳齿异物保护装置的安装位置和保护原理。

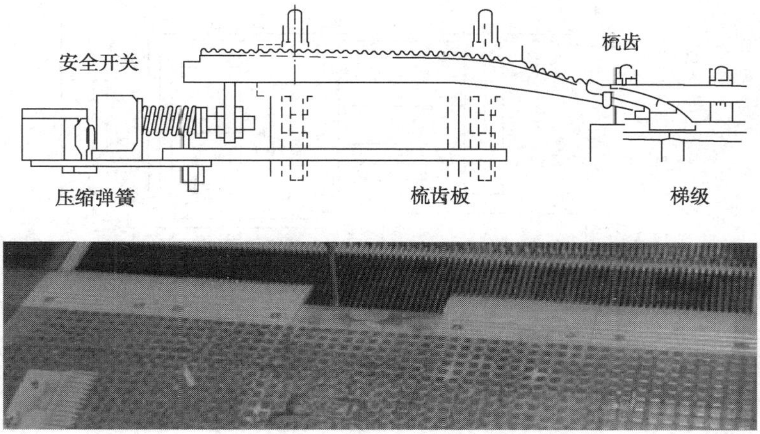

图 5-5　梳齿异物保护组图

（七）扶手带入口安全保护装置（A2.2.3.1 项之 4）

在扶手带入口处应当设置手的保护装置，该装置动作时，驱动主机不能启动或者立即停止。

如图 5-6 所示，扶手带入口安全保护装置只是在扶手带进入方向实施保护，扶手带向外方向并不保护。

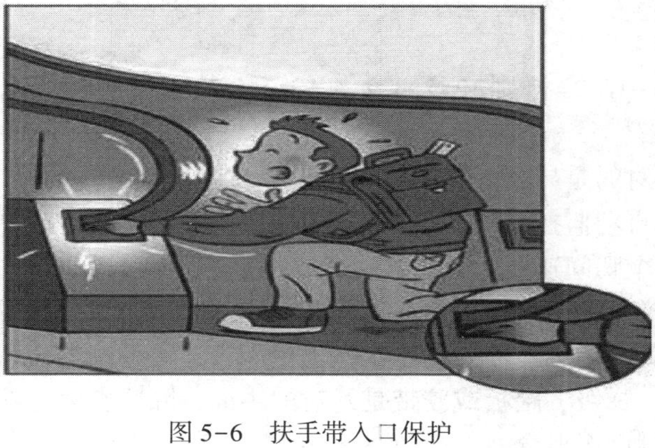

图 5-6　扶手带入口保护

（八）扶手带速度监测装置（A2.2.3.2项）

如图5-7所示，自动扶梯或自动人行道应设置扶手带速度监控装置，在运行时，当扶手带速度偏离梯级、踏板或胶带实际运行速度，大于15%、且持续时间大于15s时，该装置应当使自动扶梯或自动人行道停止运行。

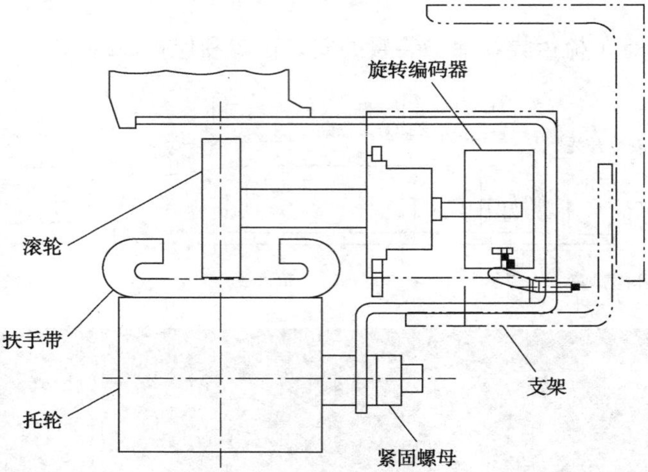

图5-7 扶手带速度偏离保护装置

检验方法：按制造厂提供的方法进行模拟动作试验，检验人员现场观察、确认。

这是TSG T7001—2023检验规则A2.2.3.2项的内容和要求。

但是，紧接着A2.3.2扶手带运行速度偏差试验又规定：受检自动扶梯空载运行，分别测量、计算两个运行方向的扶手带运行速度相对于梯级、踏板或胶带实际速度的偏差，判定其是否在0~+2%范围内。

那么问题来了，到底是要求扶手带与梯级、踏板或胶带的速度相差是+2%，还是±15%呢？

TSG T7001—2023规则**A2.2.3.2**与**A2.3.2**扶手带的运行速度偏差有哪些区别呢？怎么理解？

① 前者针对的是异常工况，后者是正常的运行状况。

② 前者是自动监控，后者是在运行中用同步率测试仪测量、判定。

③ 前者是个瞬间速度的概念，后者则是平均速度的含义。

在自动扶梯上关于速度的概念和要求，一共有四个项目，看起来也很好懂，但是用着说着就混淆了，需要进一步做出更深入、更系统的梳理归纳。

谈到速度，**梯级、踏板或胶带是绝对的主词**，除了有额定速度，它还有名义速度和实际速度两个概念。

名义速度：是指梯级、踏板或胶带在空载情况下的运行速度；实际速度：就是梯级、踏板或胶带的实际运行速度。

其实，对梯级、踏板或胶带实际运行速度与名义速度偏离程度，扶手带实际速度相对于踏板或胶带的实际运行速度偏离程度，都有着明确的要求和保护规定。

(1) 扶手带运行速度相对梯级、踏板或胶带实际速度的要求和规定：

A2.3.2 项，扶手带运行速度相对梯级、踏板或胶带实际速度不允许偏差超出 0~+2%。通过检测发现；超过者判定为不合格。

A2.2.3.2 项，如果扶手带运行速度相对梯级、踏板或胶带实际速度偏差（因某个异常原因，瞬时）超过 15%，且持续 5~15s，扶梯自动停止运行，进入保护状态。

(2) 梯级、踏板或胶带实际速度相对于名义速度偏离的要求和规定：

GB 16899—2011 规定，实际速度不允许超过±5%名义速度。

通过检测发现；超过者判定为不合格。

GB 16899—2011 规定，如果实际速度(因某个异常原因，瞬时)达到名义速度的 1.2 倍，也就是达到了 20%，扶梯应自动停止运行，进入保护状态。

(九) 梯级下沉(陷)保护装置(A2.2.4.2 项)

共有三个要点：

(1) 当梯级或踏板的任何部分下陷导致不再与梳齿啮合时，应有安全装置使自动扶梯或自动人行道停止运行。该安全装置应设置在每个转向圆弧段之前且在梳齿相交线之前有足够距离的位置，以保证下陷的梯级或踏板不能到达梳齿相交线。

(2) 该装置动作后，只有手动复位故障锁定，并操作开关或检修控制装置才能重新启动自动扶梯和自动人行道。即使电源发生故障或恢复供电，此故障锁定应始终保持有效。

(3) 本条不适用于胶带式自动人行道。

检验方法：卸除 1~2 个梯级或踏板，检修运行至安全装置处。

① 检查安全开关装置设置的位置与梳齿相关线的距离是否大于工作制动器最大的制停距离；

② 手动试验检测杆是否能使安全开关动作。

梯级下沉(陷)保护装置的位置要求：梯级下沉(陷)保护装置与**梳齿相交线**的距离**小于扶梯的制动距离**。

何谓梳齿相交线？

它是指梯级与梳齿所形成的相交线。它是动与静的交割，有切割、碰擦之风

险，尤其是对好动好闹的小孩子。当警戒黄边消失时，要迅速跨离梯级，一定要保证小孩子的手指头、脚指头等不会受到相交线的伤害。

大于扶梯的制动距离，是指制动距离的实际值还是理论值？

是制动距离的最大理论值。

这个相交线的概念很重要，至少有 7 处都是以它作为参考基准的：

① 周边照明的测量位置。

② 梯级塌陷、缺失保护装置至梳齿相交线，要小于制动距离的最大规定值。

③ 防夹装置的顶头到相交线的距离为 50~150mm。

④ 采用待机运行的自动扶梯/自动人行道，应当在乘客到达梳齿与踏面相交线之前，已经自动启动和加速。

在使用者到达相交线之时应以不小于 0.2 倍的名义速度运行，然后以小于 0.5m/s² 加速。

⑤ 附加紧急停止装置，当出口被建筑结构（如闸门、防火门）阻挡时，应在相交线之前的 2~3m 处，在扶手带高度位置增设紧急停止开关。

⑥ 扶手带转向端距离梳齿与踏面相交线的纵向水平距离不应小于 0.6m；扶手带水平部分延伸长度距离相交线不应小于 0.3m（见 GB 16899—2011 的 5.5.4）。

⑦ 在连续输送中，在梯级、踏板或者胶带到达与踏面相交线之前 2.0~3.0m 处，设置乘客易于触及的附加紧急停止装置。

（十）梯级缺失安全保护装置（A2.2.4.3 项）

有两个要点：

梯级缺失保护如图 5-8 所示。

① 自动扶梯和自动人行道应当通过装设在驱动站和回转站的装置检测梯级或踏板的缺失，并应在缺口（由梯级或踏板丢失而导致的）从梳齿位置出现之前停止。

② 该装置动作后，只有手动复位故障锁定，并操作开关或检修控制装置才能重新启动自动扶梯和自动人行道。即使电源发生故障或恢复供电，此故障锁定应始终保持有效。

图 5-8　梯级缺失保护

检测方法：卸除1个梯级或踏板，通过钥匙开关操纵设备上行和下行，检查空挡到达梳齿板位置之前，设备是否停止运行。

（十一）非操纵逆转保护装置（A2.2.4.4项）

有两个要点：

（1）自动扶梯或者倾斜角不小于6°的倾斜式自动人行道应当设置一个装置，使其在梯级、踏板或胶带改变规定运行方向时，自动停止运行。

（2）要有故障锁定。

检验方法：断开扶梯上行的驱动电源，盘车下行，模拟上行时发生了反转，确认非逆转保护功能的有效性。

（十二）主开关/停止开关/检修停止开关（A2.2.1.3项/A2.2.1.4项）

供检修人员关停扶梯用，要有清晰的位置标识。

1. 主开关

在驱动主机附近、转向站中或者控制装置旁，应当设置一个能够切断电动机、制动器释放装置和**控制电路电源**的主开关（图5-9）。该开关应当不能切断电源插座和照明电路的电源。

图5-9　主开关组照

主开关处于断开位置时应当可被锁住或者处于“隔离”位置，在打开门或者活板门后方便操纵。

自动扶梯主开关应符合三个要求：

一是能够切断电动机、工作制动器的电源，但是不能切断电源插座以及维护和检查所必需的照明电路的电源；

二是在断开位置上能够被锁住或者使其处于“隔离”位置；

三是多台设备的主开关设置在同一机器空间内时，各个主开关的操作机构要易于识别。

2. 停止开关设置

在驱动站和转向站都设有停止开关（图5-10），如果驱动站已设置了主开关，可以不设停止开关。但是对于驱动装置安装在梯级、踏板或胶带的载客分支和返回分支之间或设置在转向站外面的，则应在驱动装置区段，除要设置主开关外还应另设停止开关。

停止开关应当是红色双稳态的，有清晰的永久性标识。

图 5-10　停止开关组照

3. 检修停止开关

哪里有检修，哪里就有停止开关，这个开关就叫检修停止开关。

要求是安全触点型；手动操作开、关；位置清晰。

何谓安全触点？简单的理解就是，它几乎不会发生粘连和熔接，即使发生了也可通过正常使用（断路装置）予以断开。

通常安全触点应能承受 250V 的绝缘电压，其外壳防护等级不低于 IP4X，IP4X 大致就是一个手指头不能插入。注意防护外壳要完善不能被破坏。

几种开关的保护区别：

① 主开关断电深度最彻底。直接断掉了主电路和控制电源。

② 停止开关和检修停止开关是通过主机给制动器和电动机断了电。

通常，保护可分为电气保护、机械保护、软保护，且其各有特点。

电气保护与制动器的下闸总是相关联的。电气安全装置串联组成安全回路，进而构成一个运行条件。当某个安全装置断开，失去了条件时，扶梯停止运行，落闸；或因不具备运行条件，不开闸，保持在静止状态。不牵扯制动器，不能称其为电气保护。例如，后文即将讲到的自动扶梯超速保护装置的第三个要点，**“如果自动扶梯或自动人行道在设计上能防止超速”**，也就是通过反馈进行调节，这是典型的软保护，没有牵扯制动器的工作问题。

关于制动器的失电下闸又有明显的不同。绝大部分电气安全装置，都是由控制系统断开动力电源和制动器电源。也可以通过中间继电器分别断开动力电路和制动电路的电源。但是典型的，主开关直接断开主电源和控制电路电源。这就是断电方式和断电深度上的区别了。

（十三）紧急停止装置/附加紧急停止装置（A2.2.2.10 项）

1. 紧急停止装置

（1）紧急停止装置应设置位于自动扶梯或自动人行道出入口附近的、明显且易于接近的位置。紧急开关应为红色，应有清晰且是永久的中文标识。

（2）如果紧急停止装置位于扶手高度的1/2以下，应当在扶手装置1/2高度以上的醒目位置张贴直径至少为80mm的红色白字“急停”指示标记，箭头指向紧急停止装置。

2. 附加紧急停止装置

为了方便接近，必要时应增设附加紧急停止装置。

有人问了，何谓必要？GB 16899—2011中是这样说的：这是由设计制造商自己决定的，也是由使用单位自主决定的。基本上还是含糊不清。**但以下三种情况是确定的。**

（1）急停装置之间的距离超过规定：自动扶梯不应超过30m；自动人行道不应超过40m。超过了，就应设置附加停止装置。机场里的超长自动人行道最为典型。

（2）如图5-11所示，当自动扶梯或自动人行道的出口可能被建筑结构（如闸门、防火门）阻挡时，应在梯级、踏板、胶带到达梳齿与踏面相交线之前的2.0~3.0m处，在扶手带高度位置增设紧急停止开关。该紧急停止开关应能从自动扶梯或自动人行道乘客站立区域操作。

见GB 16899—2011附录A的A.2.5。

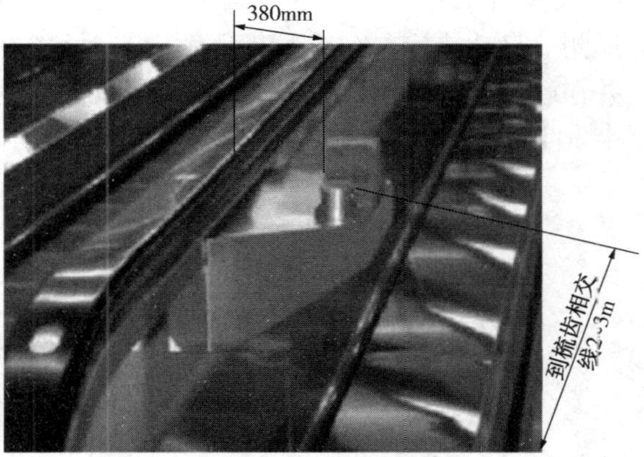

图5-11 附加紧急停止装置

（3）**A2.2.2.7**项在连续输送中，在梯级、踏板或者胶带到达与踏面相交线之前2.0~3.0m处，设置乘客易于触及的附加紧急停止装置。

（十四）围裙板防夹开关

在自动扶梯正常运行时，梯级与围裙板之间保持一定的间隙，单侧不大于4mm，两侧之和不大于7mm。对于设有围裙板防夹的自动扶梯，检查夹入梯级和围裙板之间的异物最迟到达围裙板防夹开关处时，该开关是否能够有效动

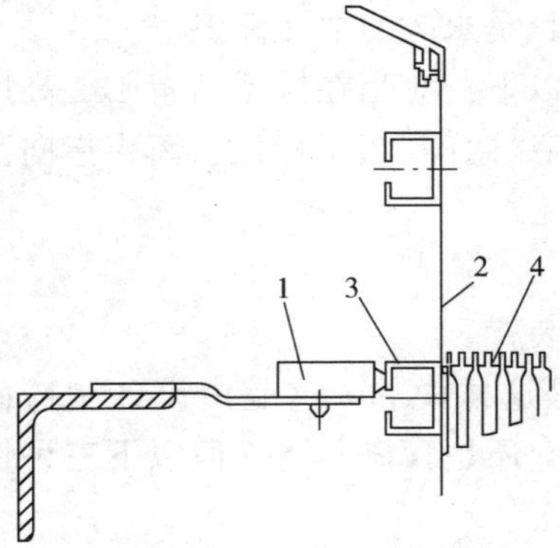

图 5-12 裙板保护装置

1—开关；2—裙板；3—C 型钢；4—梯级

作，使自动扶梯在该梯梯级到梳齿板前自动停止。

如图 5-12 所示，很多厂家为了保证这个间隙，在围裙板的背面安装 C 型钢，在离 C 型钢一定距离处设置安全开关。当异物进入裙板与梯级间隙后，裙板发生变形，C 型钢随之移动，到达一定位置后，碰击开关 1，自动扶梯停止运行。

当然，由于空间受限这种保护在动作后很难恢复，大有逐渐被更方便的物理隔离保护手段代替的趋势。

（十五）扶手带断带保护装置/梯级运行监控装置/超速保护装置/辅助设备开关

1. 扶手带断带保护装置

如果扶手带在运行中发生断裂，乘客就失去了扶手，若再继续运行，可能会导致乘客摔倒。因此尽管国标没有强制要求，但是大多数厂家还是安装了扶手带断带保护装置。

如图 5-13 所示，是扶手带断带保护装置结构图，通常安装在扶手带驱动系统靠近下平层的返回侧。自动扶梯左右扶手带都有安装。滚轮在重力作用下靠贴在扶手带内表面，并在摩擦力作用下滚动，如果扶手带处于松弛状态，低于设定的张紧力或者扶手带发生断裂，摇臂就会下垂，使微动开关动作，自动扶梯停止运行。

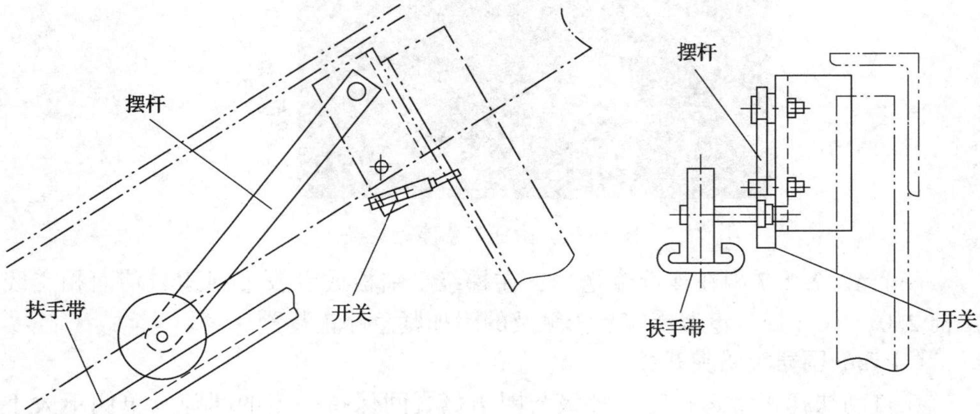

图 5-13 扶手带断带保护装置

2. 梯级运行监控装置

当梯级运行到上下弧段时，相邻梯级之间在垂直方向产生了高度差，此时如果有物品卡入两个梯级之间，使梯级不能完成成平的过程，于是就会发生梯级碰撞梳齿板，造成人员失稳和设备损坏的现象。

因此一些大流量公共交通自动扶梯，经常安装这种梯级运行监控装置。

图 5-14 是一种常见的梯级运行监控装置，这种安装在上下圆弧段，在梯级副轮导轨的压轨上开有一个缺口，当梯级运行异常受力，梯级副轮运动至缺口时顶开开关打板，开关动作，自动扶梯停止运行。

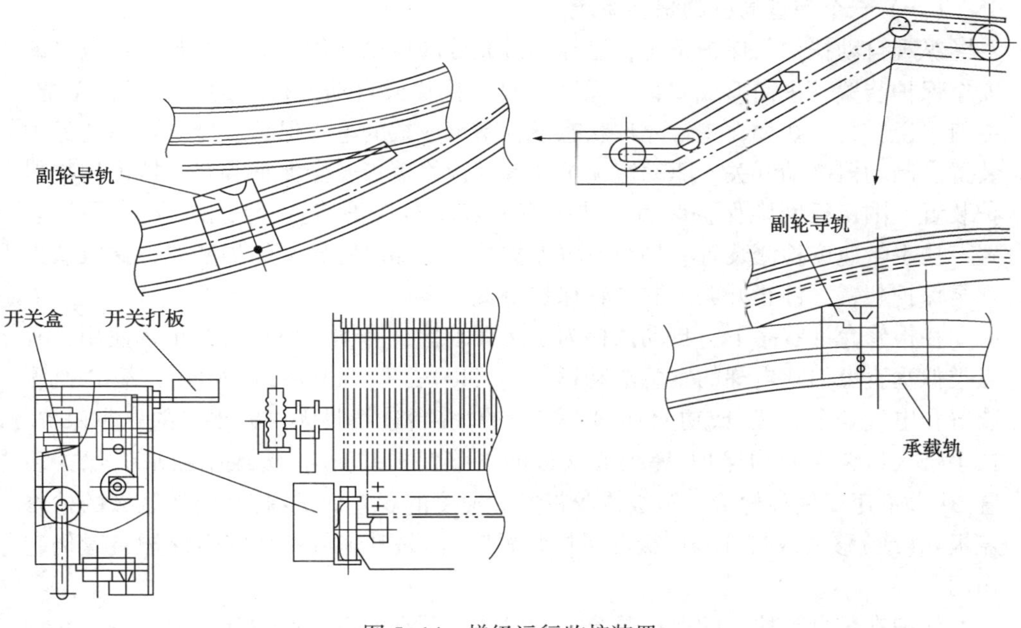

图 5-14　梯级运行监控装置

3. 自动扶梯超速保护装置

有四个要点：

（1）自动扶梯和自动人行道应在速度超过名义速度 1.2 倍之前自动停止运行。如果采用速度限制装置，该装置应能在速度超过名义速度的 1.2 倍之前切断自动扶梯或自动人行道的电源。

（2）该装置动作后，只有手动复位故障锁定，并操作开关或检修控制装置才能重新启动自动扶梯和自动人行道。即使电源发生故障或恢复供电，此故障锁定应始终保持有效。

（3）如果自动扶梯或自动人行道在设计上能防止超速情况，则允许不考虑上述要求。

(4) 型式有：甩块离心式的超速开关、磁感应开关、光电开关或旋转编码器等获取运行速度信号，由控制系统进行比较和判定。

4. 辅助设备开关

例如加热装置、扶手照明和梳齿板照明分别单独供电时，应能单独地切断，各相应开关，应位于主开关近旁，且有**明显标志**。

辅助装置开关，并非安全保护装置，功能开关而已。

二、电气安全装置部分的归纳小结：对自动扶梯保护系统的评价

(一) 一个完善周密的保护系统

纵观自动扶梯的保护系统，已经经过充分的风险评估，通过加装一定数量的安全保护装置，进而形成完善、周密的自动扶梯或自动人行道的安全保护系统。一般来说，自动扶梯在正常允许状态下，不可或缺的电气保护装置有：超速保护装置、制动器微动开关、驱动链保护装置、检修盖板安全保护装置、梳齿异物保护装置、围裙板间隙保护装置、扶手带入口安全保护装置、扶手带断带保护装置、扶手带速度检测装置、梯级下沉保护装置、梯级链异常保护装置、梯级缺失安全保护装置、停止开关、非逆转保护装置。

在检修允许状态下，自动扶梯为了保证维护、修理、检查时的正常使用，有点类似垂直曳引式电梯的紧急电动运行，可以短掉 GB 16899—2011 中表 6“监测装置和电气安全装置(或功能)的要求”中的“多台连续且无中间出口的停止保护/扶手带入口夹入异物保护/梯级或踏板的下陷保护装置/梯级或踏板缺失保护装置/扶手带速度偏离梯级、踏板或胶带实际速度的超差保护/打开桁架区域的检修盖板和(或)移去或打开楼层板的保护装置”，但是其他的一切安全保护装置仍起作用。

仔细推敲自动扶梯的保护系统，它对几乎所有的重点保护部位都进行了叠加性的多重保护。

举例来说，由附加制动器的规定可知，附加制动器在下列任何一种情况下均应有作用：

① 在速度超过额定速度 1.4 倍之前；

② 在梯级、踏板或胶带改变其规定运行方向时。

很显然，附加制动器的 b) 已经包含了“非操纵逆转保护装置”的保护功能，它不仅能够防止上行时的向下逆转，还能防止自动扶梯或倾斜式自动人行道在下行时的向上逆转。而且附加制动器是一套独立的机械制动，“在动作开始时强制地切断控制电路”，还能够同时引发“工作制动器”的制动，因而附加制动器已完全覆盖了“非操纵逆转保护装置”的保护功能。

那么，是否设置了附加制动器，就可以不要求设置“非操纵逆转保护装置”了？

答案是否定的！也就是说，自动扶梯的附加制动器是不能取代“非操纵逆转保护装置”的。

既要设置完好附加制动器，也要保证“非操纵逆转保护装置”的完好有效。

其实，自动扶梯在这里体现出了对“上行时的向下逆转”实施了多重保护的思想。同样的道理，也不能因为自动扶梯或自动人行道设置了“在超过额定速度1.2倍时的超速保护装置”，而不去要求附加制动器的1.4倍的保护。

无论是自动扶梯还是垂直电梯，对于很多重点部位通常都会实施多重保护。即：其中的每一套保护都能独立完成保护任务，而且还要求每一套保护装置都要可靠有效，以实现对重点部位的重点保护。

此外，自动扶梯还在许多地方采用“安全空间、电气保护”两种叠加性的多重保护和不同性质的保护，二者相辅相成、相得益彰，构成叠加性的多重保护。比如：

① 为了防止围裙板与梯级的挤夹，要求：单边小于4mm，两边和小于7mm的要求；设防夹装置/裙板保护装置。

② 为了防止梳齿板与梯级的挤夹，要求：梳齿啮合大于4mm，侧隙小于4mm要求；设梳齿板异物保护装置。

③ 为了防止梯级与梯级的挤夹，要求：梯级之间的间隙小于6mm；设梯级运行监控装置。

④ 为了防止扶手带入口的挤夹，要求：扶手带入口的位置三个尺寸规定；设扶手带入口保护装置。

（二）自动扶梯的安全等级低于垂直电梯

其实在研讨自动扶梯的标准时，感觉最明显的就是一些要求简单划一了。譬如制动距离，空载与有载向下的范围竟然同一！这，能一致吗？再如，只要求制动减速度小于1m/s^2，竟然对附加制动器的制停距离不做要求！难道跑完整个工作面，甚至跑过了好几个工作面，才能够停下来也算合格吗？虽然说这样是简单明了，操作性强，但显然是不够严谨的！由此也可以窥见，自动扶梯的安全等级是比较低的。

其实，自动扶梯安全等级低于垂直电梯的真正原因是它关于保护问题标准的等级有些偏低。自动扶梯依据的EN115是个通用的机器指令，它根本不像EN81—1是个单独针对载人机器的电梯指令，这就意味着自动扶梯残存着可以接受风险的问题，尤其是针对乘客的保护有不够到位的问题。譬如，自动扶梯对于乘客拥挤等问题的保护就很不完善，甚至是不到位。

说到安全等级低，还有另外一个明显的原因：即自动扶梯电气保护是由各种电气安全装置引发的制动，制动器是其唯一的执行机构。稍显单一！自动扶梯不像垂直电梯还有超速时发挥作用的限速器——安全钳联动装置、上行超速的保护装置，以及低速时发挥保护作用的缓冲器和足够高的顶层高度。垂直电梯的这些措施不仅有分工系统，而且还可与制动器并肩作战。

有人会说自动扶梯不是也有附加制动器，不是也能和它并肩作战吗？

关于附加制动器其实际情况是，在更多的自动扶梯上只有工作制动器，并没有配置附加制动器。另外，对附加制动器的制动性能要求也实在是不够高。它给人的感觉是，附加制动器的制动好像是已经是到万一的时刻，为了保证乘客的生命，不惜损坏和废掉整条自动扶梯，甚至没有很好地考虑到乘客的一些健康因素。

(1) 扶梯制动器的检验。**自动扶梯与垂直电梯在制动器的载荷特征上**的不同，决定它们各自的使用类型。自动扶梯的制动允许产生一定的制动距离，向下的最大制停力矩远远大于向上的制停力矩，其制动轴要承受巨大的径向附加载荷，因而自动扶梯的制动器允许使用机电式外的其他型式制动器，如最常见的带式制动器。曳引式电梯的制动，不允许产生过大的制动距离，向上和向下制停时的最大力矩一致，其制动轴不能承受径向附加载荷，因而 GB 7588 中规定了曳引式电梯只能使用机电式制动器。

显然，自动扶梯的制动器与曳引式电梯制动器相比，担负着更重的保护任务。制动器失效造成的失控滑行，是自动扶梯对乘客的一个巨大威胁。因此做好扶梯制动器的重要性更加突出。

① 制停**距离是衡量自动扶梯制动器的制动能力的指标。自动扶梯制动器的制动能力可以用制停距离来衡量。何为制停距离？制停距离是指，在电气停止装置动作后，扶手带的运行距离。制停距离有空载下行和有载下行之分。如何测量制停距离？**制停距离是从电气装置动作时开始计量，非常明确。因此可以简单地用标记法进行测量。

制停距离过长、过短各有利弊。如果是手指头被夹住了，当然是立即制动的好，但是立即制停如果造成了老人的骨折，那可就麻烦了。反过来，制停距离也不能过长，可以平稳制停，但是如果拖拽出毛病了，可就不好了！既然过长过短都有风险，因此将制停距离置于标准规定的范围就非常必要和重要了。

GB 16899—2011 规定，自动扶梯在空载和有载向下允许的制停距离均应在表 5-1 的范围内：

表 5-1　自动扶梯制动距离

额定速度/(m/s)	制动距离范围/m	额定速度/(m/s)	制动距离范围/m
0.50	0.20~1.00	0.75	0.35~1.50
0.65	0.30~1.30		

自动扶梯制停距离范围的给定，这一点与垂直电梯大不相同，垂直电梯只是给了一个制停减速度范围。

② 自动扶梯制动的试验载荷应按如下原则确定。

虽然自动扶梯的载荷试验非常明确，操作性很强。但是下行载荷试验是衡量自动扶梯制动能力的最好指标。

每个梯级的制动载荷按其名义宽度 z_1 来确定，见表 5-2。

表 5-2　制动载荷

$z_1 \leqslant 0.6$m	60kg	$0.8\text{m} < z_1 \leqslant 1.1$m	120kg
$0.6\text{m} < z_1 \leqslant 0.8$m	90kg		

受载的梯级数量是由“提升高度除以最大可见梯级踢板高度”求得。

在试验时允许将总制动载荷分布在所求得的 2/3 的梯级上。

定期检验中可以考虑以人作为载荷进行试验。1 人相当于 60kg、2 人相当于 120kg、3 人相当于 180kg

(2) 逐步加载的问题。在进行载荷试验前，先要对自动扶梯的承载制动性能做个估计，在没有把握的情况下，一定要先进行空载下行试验，再根据下行空载试验的情况，来考虑逐步加载的问题。

一般来说，对于老旧自动扶梯可先进行半载试验，再进行额定载荷的试验。

对于验证制动器可能有问题的自动扶梯进行载荷试验：可先考虑加 1/3 载荷；再进行半载试验；最后再进行额定载荷试验。

当然，对于性能优良的新扶梯，为了提高效率，完全直接进行额定工况试验。其结果最多就是涉及一个合格不合格的问题，不会造成损坏性的严重后果。

凡事有个度，合理一定是个范围，把检验规则的所有检验项目，都归置在合理的范围内，“交代清楚”、妥妥地，是我们检验员的职责和本分。也许，一个检验员可能真的需要对所检验的特种设备性能负责，幸好新版的检验规则也并没有引用其他技术标准和规范，是个独立检验和判定的技术规范。因此只要我们把检验规则所列举的项目放稳了，经得起推敲，也就可以安心了。

做检验，要完全放心还必须编写好检验报告。国家要求检验机构将报告保存至少两年以上，很多机构都是保存四年，整整一个审证周期。因此有追溯功用，检验报告也是检验员的面子，一定要妥妥地经得起推敲。

第六章　检验/乘梯的安全

一、检验的安全问题

据统计，有60%以上的电梯人身伤亡事故和伤害事故都与电梯的从业人员有关，这里的从业人员包括安装、维修、检验和管理人员，因此整个电梯行业的从业人员素质亟待提高。有的企业甚至提出了这样的口号："活可以不干，但不能伤害了自己；不能把设备干坏了。"还有的企业要求员工必须做到三不伤害："不伤害自己，不伤害他人，不被他人伤害。"检验工作的安全问题也当然地成了每一个检验人员的必修课。

电梯检验的安全应当包括三个方面的内容，一是直接伤害检验人员的安全；二是伤害乘客和其他相关人员的安全；三是对电梯设备(包括建筑和电梯的装载物)以及检验仪器设备所造成的损害。因此在检验中，必须还要评价某些偶然因素的介入所引发的后果，必须对可预见的除维护人员以外的其他人员的鲁莽行为所导致的严重后果进行防范。

做好检验安全工作的关键，是要掌握相关的安全知识，不断地强化安全意识，还要树立正确的安全观念，进而培养起良好的安全习惯。只有在检验中培育和养成良好的正确的安全习惯，自觉地遵守所有的作业规范，才能保证在关键的时刻下意识做出正确合理的选择，确保平安。

(一) 电梯检验工作的基本原则

(1) 现场检验应至少由**两名具有电梯检验资格的人员进行**。检验时，参检人员应协同主检人员进行。

(2) 从事现场检验工作的人员应身体状况良好、正确着装，如有**身体不适、精神恍惚的，不可参加检验。**

(3) 维护保养单位应安排熟悉电梯技术，并经过专业培训的**持证人员**配合现场检验。

(4) 在检验过程中，**禁止不同位置的交叉作业**；多名检验人员之间作业时必须协同口令，清晰应答。

(5) **任何电气设备在未验明前，一律要认为有电，不能盲目接触。**

(6) **一切安全装置在试验前，不能想当然地认为其可靠有效，必须评价其失**

效所造成的风险。

（7）在检验中如果发现继续检验可能造成安全问题应及时**中止检验，开具检验终止书**。不能为了完成工作，不管不顾地强行检验，要及时地将问题电梯转入维修作业或转入其他的规定处置程序，必要时应立即停止电梯运行。

有下列情况之一，可立即中止检验：

① 控制系统不正常；

② 制动器不正常；

③ 有漏电，或积水严重等情况；

④ 有影响扶梯运行的安全隐患；

⑤ 在室外检验自动扶梯遇到了恶劣天气影响时；

⑥ 机房或机器设备间温度超出 5～40℃的范围；

⑦ 电源输入电压波动范围超出额定电压±7%的范围；

⑧ 环境空气中具有浓烈腐蚀性或易燃性气体，以及导电尘埃；

⑨ 其他可能造成危险的情况。

（二）自动扶梯或自动人行道检验作业区域的管理

自动扶梯或自动人行道检验作业区域包括，机器设备空间、梯级载客空间、梯级的载客和返回分支之间、上/下前沿板、控制柜、机房(外驱动)等六个区域。在检验时一定要注意在检验作业区域设置隔离防护栏和危险警告标志，见图 6-1。

出入检验区域从事检验作业，必须遵守以下规定：

（1）进入作业场所，必须按规定正确穿戴个人防护用品。

（2）确定检验空间，设置隔离防护栏和危险警告牌。

（3）检验人员应特别注意自动扶梯与建筑物楼板之间的交叉处，及自动扶梯与自动扶梯之间的交叉处，避免撞伤、夹挤等情况。

（4）检验人员应特别注意避免发生坠落、跌倒、滑倒、翻越扶手装置跌落等伤害。

（5）在检验中，不应站在梯级轴等不稳定的部件上，如需要应站在桁架横梁等稳定且可承重的部件上并注意保持平稳。

（6）检验员应管理好自己的工具和仪器以及随身携带物品，避免作业时掉落。

（7）移动重物必须严格执行相关的操作规程。

图 6-1　现场安全隔障

（8）原则上不允许带电作业，在不得已

的情况下进行带电作业，必须有人监护并采取可靠的安全措施后方可进行。

(9) 在不需要自动扶梯运行时，除了必须通电检查的情况外，其余情况必须切断主电源，挂上“检修中”的标牌，并挂锁加以锁定，以防他人误操作。按下上下机房内或是驱动装置处的红色停止按钮。

(10) 如需在桁架内作业，必须切断电源，同时安排人员监护并控制电源，让他人无法随意送电。

(11) 对控制屏等电气部件进行检验时，必须切断所有电源的进线开关，包括但不限于主电源开关、照明开关。

(12) 运行前必须确认在扶梯上和桁架内没有任何人和物影响扶梯的运行。

(13) 运行时要避免人体或物品夹入梯级之间、梯级与梳齿之间、梯级与围裙板之间，而受到挤压、剪切的伤害。

(14) 扶梯运行时，如发现异常情况或故障，应立即停止运行，在采取措施解决后才能重新启动运行。

下面第 15 条检验中的安全问题，大家一定要记住，还要融入血液中，形成自己的习惯意识。

(15) 在自动扶梯检验区域内作业时必须做好如下的安全事项：

① 出入扶梯的驱动站、转向站检验时：先要再次确认着装的正确与完好，包括安全帽、工作服、防护鞋、专用手套等；在开启检修盖板前，必须在驱动站和转向站周围设置好围挡；在狭小空间里检验要时刻警惕旋转部件(如梯级踏板、电动机、轴、固定式盘车手轮)、运动部件(如制动器、传动链)和电气部分对自身的潜在危害。

② 站在梯级或踏板上进行检验时，必须注意与楼板交叉处或与其他扶梯的交叉处，防止交叉部位造成伤害。

③ 在验证梯级下陷保护功能时，当拆除部分梯级或踏板时，检验人员应清醒地意识到梯级踏板的缺失所产生的潜在危害，防止急停时或行进中跌入空洞；检验结束应及时地复位所拆除的梯级踏板，防止因看护缺失给他人造成伤害。

安全无小事，在出入自动扶梯和自动人行道的检验作业区域时，还必须对以下状况作出危险评估，并采取安全措施，以防止对检验人员产生意外伤害：

- 通道和入口；
- 照明不足(包括通道)；
- 坠落/滑动；
- 在自动扶梯上跌倒；
- 翻越扶手装置跌落；
- 与运动的机械设备接触；

- 与电气部件的间接接触；
- 挤压、剪切(梯级之间、梯级与梳齿之间、梯级与围裙板之间)；
- 扶手装置间隙；
- 楼板和(或)自动扶梯之间的交叉点；
- 梯级上的人员；
- 安全开关和紧急停止装置；
- 检修装置；
- 固定件和活动件之间的相对运动；
- 意外的启动/停止；
- 设备的运动(无电源情况下)；
- 多名作业人员一起配合工作；
- 手动启动/停止；
- 坠落物体；
- 意外的水/污垢；
- 危险物；
- 火情；
- 梯级缺失。

(三) 自动扶梯或自动人行道检验的作业规范

1. 移动检修装置/检修按钮盒的安全操作规范

自动扶梯或自动人行道，除了必须使用钥匙开关启动正常运行之外，还可以使用移动检修盒(又称检修装置)操纵自动扶梯进入检修运行状态。

拿起移动检修盒/检修装置，应看的内容：

停止开关和检修插座；停止开关有四个要求：a. 手动操作；b. 有清晰的位置标记；c. 符合安全触点的要求；d. 需要手动复位。

检修控制装置如图 6-2 所示。

移动检修装置操作注意事项如下：

(1) 移动检修盒的插拔必须在断电的情况下进行；在停止时必须按下“停止”按钮，以防误操作。

(2) 移动检修盒又称检修开关，通常放在顶部机房内以便在需要时操作使用。

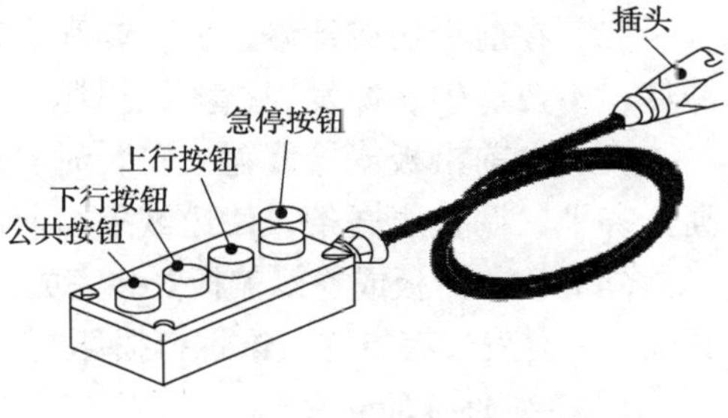

图 6-2　检修控制装置

(3) 使用前，必须按下检修装置上的停止按钮，断开电源，将移动按钮盒接在上部或下部接线盒上的移动开关插座上；送电后，确认在停止按钮按下的情况下，按移动按钮盒外任意一个或两个或全部按钮扶梯不会运行。

（4）使用移动按钮盒时必须同时按下“运行”和上/下行按钮才能使扶梯运行，松开任意一个键就停止运行。

（5）使用时，首先点动运行几次，确认没问题后再使扶梯连续运行。

（6）如果在检修运行中发现异常声音、振动或其他问题，应立即停止，在问题解决后方可再次投入运行。

2. 手动盘车操作

（1）每一台自动扶梯都设有手动盘车装置，可供在失电或异常状态下根据需要盘动梯级。其操作注意事项如下：关闭控制柜上的主开关，确保设备处于失电状态。

（2）将松闸装置安装在制动器上（通常松闸装置放置在顶部机房内，供需要时使用）。

（3）操作人员站在驱动装置前，松开制动器，然后用手慢慢盘动飞轮，控制自动扶梯运行。盘车过程中，需持续依赖人力维持松闸装置，一旦人力撤销，则立即制动。

（4）**盘车后拆除松闸装置，将其放回原位。**

3. 前沿板和检修盖板的拆卸和安装

如需要拆卸和安装顶部和底部机房的前沿板或检修盖板，需要使用自动扶梯配送的专用设备——开坑扳手（又称 T 形扳手）。用扳手的“一”字侧拆卸，拆卸或安装前沿板/盖板的特殊装饰螺栓，将扳手的螺纹段拧入其螺孔里，再将前沿板/盖板搬出/放下。

先要设置围栏建立起检验区域保护。

（1）拆卸前沿板或检修盖板时，应首先开启紧邻前沿板的那块检修盖板；安装前沿板或检修盖板时，应最后盖上紧邻前沿板的那块检修盖板。

（2）**在前沿板或检修盖板拆卸和安装时，注意保护前沿板边嵌条处的橡胶缓冲件，不要遗失。如发现遗失或损坏，应及时更换。**

（3）**在前沿板或检修盖板安装时，需要注意前沿板花纹对齐和前沿板之间的高低齐平，调整边嵌条，使边嵌条与前沿板或检修盖板密实、贴合。**

（4）**在前沿板或检修盖板安装完成后，注意检查有关的特殊装饰螺钉是否安装紧固。一旦发现有特殊装饰螺钉损坏或遗失，应立即修复或补全，避免造成危险。**

4. 梯级的拆卸和安装

在试验梯级下陷安全装置时，免不了要进行梯级拆卸和安装作业，但要清楚缺少梯级就有风险。先要设置围栏建立起检验区域保护，及时拆卸及时安装。

（1）拆卸梯级应遵守以下安全规范：

① 将梯级的防跳轨的可开合段处两侧的围裙防夹装置、内盖板或压条拆下。

② 将梯级扳手插入梯级的安装孔(必须从倾斜的方向插入)。

③ 将梯级扳手插入梯级卡环螺栓的沉孔中，松开螺栓。

④ 用梯级扳手钩住梯级，将梯级拎出。

＊若梯级无法顺利拉出，不允许强行拉出梯级，以免损坏梯级或是围裙板，应将梯级回复到原位，重新按照上述步骤操作。

⑤ 取下梯级之后，将梯级扳手从中拿出，用手拿住梯级。

⑥ 重复上述②~⑤项步骤拆卸下一个梯级。

＊拆卸下的梯级应妥善堆放保管。如果自动扶梯配置梯级缺失安全装置，应妥善处置。

（2）安装梯级应遵循以下安全规范：

① 安装梯级应在自动扶梯的斜线部分进行。安装前，应确认轴上的轴套是否良好，轴套应贴紧轴肩。如发现轴套有损坏应及时更换。

② 把梯级搬至合适位置，把卡环放在轴套上，卡环对准轴套，用力推上梯级使卡环合拢；如果卡环无法合拢，拿开梯级检查轴套贴紧轴肩后重新安装。不要强行推或踏梯级踏面，以免造成部件损坏。

＊如果梯级之间左右有偏差，可以拆出一边轴套和轴肩之间的尼龙调整垫圈，把它放到另一侧去进行调整。

③ 将梯级扳手伸入梯级踏面的孔中，用手托住盖子后用梯级扳手旋紧卡环螺栓，左右两侧均须旋紧。旋紧卡环螺栓后需在下一个梯级的位置上检查弹垫是否被压平。

④ 对于最后一个梯级，无法采用上述③的方式检查，在将螺栓紧固后应在梯级表面做好标记，再将梯级移至下部梯级转向处，检查垫片是否被压平。

＊在安装最后一个梯级时，在尚未将梯级卡环扣上轴套之前，应先将梯级防跳轨的开合段翻上复位。梯级紧固的标准是：确认螺栓的弹垫圈被压平。

⑤ 在梯级安装阶段，将所有梯级编号，用不易擦去的油漆笔在梯级背面的加强筋上标记，以便跟踪检查梯级的情况。

⑥ 应在梯级下部转向处检查所有梯级的紧固情况。

＊如果梯级安装没有紧固好，可能会引起部件损坏，甚至导致人身伤害。为了避免遗忘旋紧卡环螺栓，应保证每装一个梯级就必须旋紧该梯级的卡环螺栓。不允许尚未紧固梯级卡环螺栓就放下一个梯级，更不允许将多个梯级装上后再紧固。

（3）拆卸第一个梯级的安全操作规范(安装最后一个梯级与之相反)：

由于自动扶梯安装了梯级的防跳轨，因而拆卸第一个梯级或是安装最后一个梯级还应特别遵循：

① 在中部斜线段实施拆卸，并且已经拆除了附近围裙板上的防夹毛刷。

② 松开某个梯级的两侧梯级卡环后，将其小心掀起，必要时进行盘车，使该梯级的防松螺母位于梯级防跳轨的可开合段范围内。

③ 以此步骤：a)转动挡杆；b)翻下梯级防跳轨的开合段；c)拎出梯级。

***梯级是通过卡环安装在梯级轴上的，如果卡环螺栓不紧固，将会造成重大安全隐患。**

二、安全乘坐自动扶梯

无论是徜徉于商场，还是穿梭于车站、码头、地铁口，或是出入于机场、大厦，您总免不了要乘坐一番现代化的自动扶梯(自动人行道)。在未来您会更离不开它，因为它将与汽车、电梯并驾齐驱，成为一种更为广泛的代步工具。

自动扶梯这个一直以来貌似平稳，并不张牙舞爪的家伙，近几年来却一反常态，獠牙大开常有“噬人”之举。中央电视台的《新闻联播》节目及其他媒体都曾相继报道了发生在北京、广州、上海等地的自动扶梯伤人或失控事件。当然这些事件要求电梯界必须更加深刻、全面地审视这个早已被国家《特种设备安全法》划归到了电梯行列中的自动扶梯和自动人行道的安全问题。

在这里和大家交流、探讨一下乘坐自动扶梯的安全常识。

(一) 乘坐自动扶梯的安全常识

乘坐自动扶梯，先要大概瞟一下整体轮廓，看看人流群，出入空间口，看看有无警示、隔障，或侧面碰板等状况，接着还必须在乘梯前、乘梯中、离开扶梯时遵守下面的A、B、C项内容。

A. 把自己收拾利索，包括的内容有：

- 领好儿童，抱好小狗，拿好小件物品；
- 不要使用拐杖、轮椅或非专用推车等；
- 不要将提包或小件行李放在扶手带上。
- 使宽松过长的衣服离开梯级和侧壁板；
- 穿长裙子时请留意裙摆，谨防被挂住；
- 不要光脚或穿着鞋带松着的鞋子乘坐。

特别要注意的是，裙摆、衣角和鞋带的问题，一旦被夹住了、挂住了，想扯扯不断，脱也来不及。通常速度为0.5m/s的自动扶梯，其制停距离在0.2~1m之间，这个距离可以将人拖入危险的状态。

B. 规规矩矩、老老实实

站好了、站直了，扶好了！还要：

- 面向前方，踩上大盖板、前沿板；
- 准确踏上梯级踏板的警戒黄边内，及时抓住扶手带，不要站在梯级的连接缝上；
- 如果扶手带与梯级速度不同步，要不停地缓慢调整手在扶手带的位置；
- 不允许用脚踢踏自动扶梯盖板或裙板；
- 头部不要伸出自动扶梯侧面，以免被碰夹；
- 乘梯过程不要思考问题，或是翻看手机；
- 要警惕人流拥挤，警惕非专用推车及其他东西沿通道冲下来。

不要轻易地乱动扶梯两头的红色急停按钮。因为突然制停，可能使老人、妇女和儿童受到伤害。要知道扶梯的保护很多，任何人的不规矩行为都有可能造成突然的停梯。

C. 稳步走出、注意防滑

- 不要犹豫，离开扶梯首先要踏稳；
- 可一脚踏在梯级尽头的前沿板上，再迈上大盖板；
- 走出扶梯一定要注意防滑，尤其是老人；
- 迅速离开扶梯的出口区域，不要堵住后面乘客的通道。两点体会：

（1）扶手带装置是用来扶的，不是死抓的。这一版由中国电梯协会推出的自动扶梯的安全常识最大的亮点就是，“如果扶手带与梯级速度不同步，要不停地缓慢调整手在扶手带的位置”，它有突破有贡献。它否定了长期以来，所倡导的乘坐自动扶梯要牢牢抓住扶手带的规定和说法。它揭示了，乘坐自动扶梯乘客要以脚踩为主，要以扶手带手扶为辅，必须尽力保持重心稳定的真理。

无论如何，扶手带与梯级、踏板、胶带的速度，甚至是左右扶手带之间的运行速度，都会有一定的偏差，几乎是不可能做到同步的。那么，乘坐扶梯用手死死抓住扶手带的以手抓为准，是以左右哪一边的手为准呢？这样必然会造成乘客重心的倾斜偏离，这种现象对乘客不利，尤其不利于老年乘客，甚至会造成跌倒的事故。

（2）出入自动扶梯的步伐节奏。自动扶梯的前沿板是相对牢固可靠的，远端宽一点的检修盖板是相对可靠的，它设有盖板开启监控装置。但是前沿板与大盖板之间的小盖板(小的约 30cm)，如果其尺寸不够规整便会有水平移动，如果制作材料的强度、刚度不够，或是采用搭接的形式且未用螺栓“把死”，没有防倾翻装置，那么就有可能发生乘客掉入、跌落机房的现象。这正是湖北荆州市**安良百货商场发生**7·26 电梯伤人事故的原因。所以，乘客在出入自动扶梯时一定要保持步伐节奏，可以考虑第一步踏在相对牢固可靠的前沿板上。

（二）自动扶梯的典型案例

每一条安全规定都是用血的代价换来的，以下四项尤为惨痛。

1. 未抓扶手带

【案例1】

一名75岁老人在一机场候机楼乘坐自动扶梯时摔倒，造成锁骨骨折、头皮撕裂的伤害。该自动扶梯设置了节电模式，自动启动后在很短的时间内加速到0.65m/s，又由于候机厅灯光只开了一半，自动扶梯进入区域光度不够从而造成事故的发生。

事故直接原因是老者不了解扶梯的特性，对加速过程中的扶梯产生恐惧感，没有及时握住扶手带，造成事故的发生。间接原因是该扶梯没有明确的提示告诉乘客自动扶梯的自动启动以及加速的特性。

【案例2】

2015年7月26日，在湖北荆州市安良百货商场内，30岁的柳女士领着孩子乘坐一列6~7楼的自动扶梯，在走下扶梯时不料踏在检修盖板上，盖板松动并翻转，遂即坠入上机房的防护挡板与梯级回转部件的间隙内，踏空瞬间她将儿子推给了前面两名商场工作人员，自己却被卷入传动组内。后来经过消防官兵5个多小时的破拆营救，柳女士被救出，但已无生命迹象。从视频还可以看到，事故发生前5分钟商场的工作人员已发现盖板出现松动和弹跳现象，告知了工程部，但未做停梯处置。

当然，这起事故物的不安全因素及使用管理是主要原因，但是乘客未抓住扶手带应该引起大家重视。

2. 未及时换手

如果扶手带与梯级速度不同步，要不停地缓慢调整手在扶手带的位置，以保证人体站立平衡稳定。

【案例1】

某商场营业期间，2~3楼的扶梯投入运行，一老人走上扶梯后，双手抓紧扶手带，随着扶梯向上运行，老人逐步向后倾斜，这时由于反应较迟钝、害怕跌倒的心理作用，双手在扶手带上越抓越紧，最终向后跌倒在运行的梯级上，造成脑、腰、四肢重伤。事故发生后，我们对该扶梯进行鉴定，各项安全指标基本符合要求，唯一问题是扶手带运行速度滞后于梯级运行速度0.9%。经过分析和调查，证明正是这一参数不符合国标要求导致事故的发生。当梯级向前运行时，老人站在梯级上，双手抓住扶手带，由于扶手带运行滞后于梯级，老人逐步向后倾斜，身体重心后移，支持不住而跌倒，造成了本次事故的发生。

实践表明扶梯是相对安全的。媒体报道的关于扶梯打官司案例多与扶梯设计制造无关，也多是些伤害幼小和老人的事故。这一案例有一定的技术含量——扶手带运行速度滞后于梯级运行速度0.9%，它提醒我们在日常生活中应坚持检查这一项的国标要求。因为扶梯运行时扶手带是在逐渐磨损的，也就是这个滞后速度是会越来越大的。

【案例2】

一家人民医院门诊大楼一台扶梯发生一起看病人摔倒的事件，未造成伤害。经调查，该名病人(女性年龄60岁)在乘扶梯上二楼时，站在梯级左侧，左手紧握扶手带，估计由于扶手带的运行速度滞后于梯级运行速度，而该病人感觉到身体向后时更加紧张地握紧扶手带不放，最后摔倒在梯级上，并被梯级倒拖着。

事故的直接原因是扶手带的运行速度与梯级运行的速度不一致。间接原因是乘客年老体弱，心情慌张，造成了事故的发生。

3. 超出警戒黄边

要准确踏在梯级警戒黄边内，包括衣物；要保证将小孩子管制在警戒黄边范围内，尤其是不能让他们有将手指头、脚指头插入围裙板与梯级之间或是梯级与梯级之间的机会。当警戒黄边消失时，要迅速跨离梯级，要保证小孩子的手指头、脚指头不受到相交线的伤害。

【案例1】

正在商场8楼购物的一名顾客突然发现，从9楼下到8楼的电动扶梯上，一名小男孩举起双手，而手上已经鲜血淋漓。120急救车赶到后，受伤男孩被送往医院急救。医生检查发现，孩子左手的3根手指和右手的2根手指受伤。“左手的2根手指要截除一节，右手情况还不清楚。”第二天，孩子的父亲马先生告诉记者，10岁的儿子现在读二年级，昨天是一个人去购物中心看书，购物中心的一名工作人员告诉记者，受伤的男孩他经常看到，“他经常到购物中心捡饮料瓶。”

发生在扶梯出口梳齿板与围裙板的相交处，分析事故直接原因有可能是不正确地使用自动扶梯(小孩用手捡梳齿处的物体)造成的。间接原因是使用管理不到位。

【案例2】

在一城市轻轨车站A入口处，2岁大的女孩小丽(化名)和婆婆下自动扶梯时，右脚不慎卷入扶梯的挡板下。当天下午2点，张老太抱着没有穿鞋的小丽，到该轻轨站的长通道里歇凉，上自动扶梯时，小丽很兴奋，非要下来自己站着。到扶梯末端，孩子没有抬脚，脚趾顺势滑进挡板与活动台阶的缝隙中，可扶梯并未停下，而是继续向下运动。当有人来将扶梯停止时，小丽的小腿几乎完全夹进缝隙中。过路群众发现情况，立刻打电话报警，仅四五分钟后，消防队便赶到了现场。经过消防队1个小时的营救，虽然孩子的腿被取出，但经医生诊断，其伤势严重，可能需要截肢。

4. 野蛮使用

自动扶梯考虑的是正常使用，而没有考虑到鲁莽使用，因此也没有相应的要求。其中，拥挤、冲撞尤为可怕。

GB 16899—1997 的引言 0.7 条规定："在制定时，已注意到在某些情况下使用者的鲁莽轻率行为，但本标准所考虑的是正常使用而不是滥用。"

【案例1】

一人才交流招聘会期间发生一起因拥挤造成扶梯破坏的事故，扶梯扶手严重挤垮变形。当时来找工作的人流非常大，由于人员在出入口没有得到及时疏散从而造成了该次事故。

【案例2】

一购物中心由于大量人员为了抢购廉价商品涌入一楼通往二楼的扶梯上使向上运行的扶梯逆转向下运行，造成乘客在下出入口挤压，14人送往医院，1名38岁妇女因胸椎骨折被高位截瘫。导致事故的原因，其调查公布的是扶梯驱动电机与减速箱之间的弹性联轴器中橡胶垫损坏，导致齿轮啮合失效，造成扶梯及主链下滑。而引起橡胶垫损坏的主要因素是该站较大的客流量和该地区百年未遇的高温天气，使得设备运行工况恶劣，加速橡胶垫的老化。

该台扶梯提升高度达到了8m，按照标准的要求应该设置附加制动器，而该台扶梯并没有设置，从而在主制动器功能失效的情况下导致了事故的发生。因此，事故的另一个原因是制造环节不符合要求。

【案例3】

由于自动扶梯是运输乘客的，没有考虑到运输物体的需求，因此没有对该类问题进行保护。

某酒楼装修，使用自动扶梯从2楼向1楼搬运一台大冰箱，前后各一人扶着冰箱，当冰箱运行出2m左右位置时，自动扶梯突然停止，前面的人支撑不及，冰箱向前翻滚下去，将前面的人腿部压伤，同时损坏十多个梯级。幸好当时扶梯下部并无其余乘客。

湖北荆州市安良百货商场发生7·26电梯伤人事故的启示

该事故视频完整，震惊全国。这是一起紧急处置不当的典型案例，应该引起各方面尤其是从事检验人员的注意。

事后专家组认定，该扶梯的设计、制造均有问题：采用搭接结构，制作尺寸误差过大，导致检修盖板在水平面有移位现象，扶梯的制造方是第一事故责任人。使用单位未做相关的紧急演练，也是第一事故责任人。维护保养单位未按质量保证管理体系要求进行保养，负有次要责任。

在后来的中央电视台播报中，专家说正确地使用设在扶梯出入口的红色急停按钮非常重要！这是一起完全可以避免的人身伤亡事故。因为管理人员没有经过必要的培训及应急演练，而发生了一起恶劣的“电梯吞人”事故。自动扶梯出现异常振动、异常噪声，或者其他紧急情况时，应立即按下红色急停按钮。

这起事故在电梯界引发了长久、广泛的讨论，后来许多人提出了一些很有价值的见解。

一是死者在乘坐扶梯时，未按规定抓牢扶手带。如果抓牢了扶手带，失足后可能只是受伤，不会有生命之危，因为抓住扶手带最后会触及扶梯的入口保护装置。

二是现场工作人员的那一声提醒扰乱了乘客走出梯级的节奏，导致乘客直接踩上检修盖板，发生了事故。一般人正常的行走节奏是步出梯级，踏上前沿板，再迈上检修盖板。

三是急停开关的设置问题。从视频可以看出，第一个发现扶梯有问题的工作人员没有跌下去实属侥幸，后来他们三个人在那里试图查找和确认原因，也是冒着很大风险的。如果给自动扶梯两端的急停开关再串接另一个更远点的、更方便点的急停开关，才更为合理。

四是盖板 1 的微动保护开关问题。自动扶梯盖板的下方就是底坑，这有点类似于电梯的层门(将乘客隔离在井道之外)。GB 7588—2003 要求如果电梯的主动层门与从动层门之间未做可靠的机械连接也必须给从动层门加装一个电气验证装置，以免造成拿掉从动层门后电梯仍可运行的情况。本案例中既然盖板 1 与盖板 2 之间未做机械连接，就应给盖板 1 加装一个微动保护开关。

第七章　应知应会

一、应知应会之实操22题

序号	题目	考核问题	要点
1	关于扶手带入口保护装置	1.1 现场指出扶手带入口保护装置	通常上、下出入口处各2个。考官根据现场情况判断考生的回答正确与否
		1.2 结合实物分析扶手带入口保护装置的作用	保护乘客的手指或异物不被卷入
		1.3 现场描述扶手带入口保护装置的检验过程	模拟动作试验；装置动作时，自动扶梯应当不能启动或者立即停止
		1.4 现场判定扶手带入口保护装置是否符合要求	装置动作时，自动扶梯不能启动或者立即停止，此装置合格，否则不合格
2	关于梳齿板保护装置	2.1 现场指出梳齿板保护装置	准确指出梳齿板保护装置
		2.2 结合实物分析梳齿板保护装置的作用	当异物卡入导致梳齿板与梯级发生碰撞时立即停止驱动主机
		2.3 现场描述梳齿板保护装置的检验过程	拆下中间部位的梳齿板，用工具使梳齿板向后或者向上移动(或者前后、上下)，检查安全装置是否动作，装置动作时，自动扶梯不能启动，此装置合格，否则不合格
3	关于梯级驱动元件的保护装置	3.1 现场指出梯级驱动元件保护装置	考官根据现场情况判断考生的回答正确与否
		3.2 现场描述梯级驱动元件保护装置的作用	监控驱动元件断裂或者过分伸长
		3.3 现场描述梯级驱动元件保护装置的检验过程	模拟驱动元件断裂或者过分伸长的状况，检查动作装置能否使安全装置动作，并且使设备停止运动；根据故障锁定原理，检查故障锁定功能是否有效
		3.4 现场判定本自动扶梯的梯级驱动元件保护装置是否符合要求	考官根据现场情况判断考生的回答正确与否

续表

序号	题目	考核问题	要点
4	关于驱动装置与转向装置之间的距离缩短保护装置	4.1 现场指出驱动装置与转向装置之间距离缩短保护装置的位置	考官根据现场情况判断考生的回答正确与否
		4.2 现场指出驱动装置与转向装置之间距离缩短保护装置的作用	监控驱动装置与转向装置之间的距离伸长或者缩短的状况
		4.3 现场指出驱动装置与转向装置之间距离缩短保护装置的检验过程	模拟驱动装置与转向装置之间的距离伸长或者缩短的状况，检查动作装置能否使安全装置动作，并且使设备停止运行
		4.4 现场判断本自动扶梯的驱动装置与转向装置之间的距离缩短保护装置是否符合要求	考官根据现场情况判断考生的回答正确与否
5	关于梯级的下陷保护装置	5.1 现场指出梯级的下陷保护装置	准确指出
		5.2 现场描述梯级的下陷保护装置安装位置的要求	该装置应当设置在每个转向圆弧段之前。安全装置离梳齿相交线的距离应该大于工作制动器的最大制停距离
		5.3 现场描述梯级的下陷保护装置的作用	当梯级的任何部分下陷导致不再与梳齿啮合时，使自动扶梯停止运行
		5.4 现场描述梯级的下陷保护装置的检验过程	卸除1~2个梯级，将缺口检修运行至安全装置处： (1)检查安全装置离梳齿相交线的距离是否大于工作制动器的最大制停距离； (2)检查动作装置能否使安全装置动作，并且使设备停止运行； (3)根据故障锁定原理，检查故障锁定功能是否有效
6	关于梯级的缺失保护装置	6.1 现场指出梯级的缺失保护装置	准确指出部件形式
		6.2 现场描述梯级的缺失保护装置安装位置的要求	装设在驱动站和转向站内； 应在缺口从梳齿板位置出现之前使扶梯停止运行
		6.3 现场描述梯级的缺失保护装置的作用	监控梯级的缺失
		6.4 现场描述梯级的缺失保护装置的检验过程	(1)卸除1个梯级，将缺口运行至返回分支内与回转段下部相接的直线段位置，正常启动设备上行和下行，分别检查缺口到达梳齿板位置之前，设备是否停止运行；(2)根据故障锁定原理，检查故障锁定功能是否有效

续表

序号	题目	考核问题	要点
7	关于检修盖板和上下盖板开启监控装置	7.1 现场指出检修盖板和上下盖板开启监控装置	检修盖板和楼层板应当配备一个监控装置
		7.2 现场指出检修盖板和上下盖板开启监控装置的作用	监控检修盖板和上下盖板的开启
		7.3 现场指出检修盖板和上下盖板开启监控装置的检验过程	打开盖板，自动扶梯应当不能启动或者立即停止
		7.4 现场描述防止楼层板因人员踩踏或者自重的作用而发生倾翻、翻转措施	应当采取适当的措施（如安装楼层板防倾覆装置、螺栓固定等），防止楼层板因人员踩踏或者自重的作用而发生倾覆、翻转
8	紧急停止装置	8.1 紧急停止装置应当设置在自动扶梯或者自动人行道出入口附近、明显并且易于接近的位置	紧急停止装置应当为红色，有清晰的永久性中文标识；如果紧急停止装置位于扶手装置高度的1/2以下，应当在扶手装置1/2高度以上的醒目位置张贴直径至少为80mm的红底白字“急停”指示标记，箭头指向紧急停止装置
		8.2　附加停止装置	为方便接近，必要时应当增设附加紧急停止装置。紧急停止装置之间的距离应当符合下列要求：①自动扶梯，不超过30m；②自动人行道，不超过40m
9	关于主开关	9.1 现场指出主开关	在驱动主机附近，转向站中或控制装置旁
		9.2 现场描述主开关的作用	能切断电动机、制动器释放装置和控制电路电源，不能切断电源插座或检修及维修所必需的照明电路的电源
		9.3 现场描述主开关的检验过程	目测主开关应该在驱动主机附近、转向站中或控制装置旁，且处于断开位置时可被锁住或处于“隔离”位置，在打开门或者活板门后能够方便操纵；断开主开关，检查照明、插座应该被切断
10	关于停止开关	10.1 现场指出停止开关装置，什么情况下可以不装设停止开关	驱动站和转向站都应设有停止开关； 如果驱动站已经设置了主开关，可不设停止开关
		10.2 现场描述停止开关的形式有什么要求	红色双稳态，应有清晰并且永久的标识
		10.3 现场判定本自动扶梯的停止开关是否合格	考官根据现场情况判断考生的回答正确与否
		10.4 现场描述停止开关的检验过程	目测停止开关装置的安装位置是否符合要求；是否为红色双稳态，标识是否清晰永久；操作停止开关，运行的扶梯应停止，停止的扶梯不能启动

续表

序号	题目	考核问题	要点
11	关于手动盘车装置	11.1 现场描述手动盘车装置的要求	容易接近，操作安全可靠，不得采用曲柄或多孔手轮
		11.2 现场描述手动盘车装置是否是拆卸式的	考官根据现场情况判断考生的回答正确与否
		11.3 现场描述拆卸式的手动盘车装置检验要求	拆卸手动盘车装置，电气安全装置起作用，自动扶梯应当不能启动
		11.4 现场操作手动盘车	手动释放制动器的同时盘车
12	关于防护挡板（现场安装有防护挡板）	12.1 现场指出什么情况下需安装防护挡板	如果建筑物的障碍物会引起人员伤害，则应采取相应的预防措施。特别是在与楼板交叉处以及各交叉设置的自动扶梯之间。考官根据现场情况判断考生的回答正确与否
		12.2 现场描述防护挡板的外形尺寸	垂直固定封闭的防护挡板的高度在扶手带上方不应小于 0.3m，无锐利边缘，并且延伸至扶手带外缘下至少 25mm
		12.3 选择仪器检验、测量并判定	目测安装位置是否符合要求，测量相关数据
13	关于防护挡板（现场没有安装防护挡板）	13.1 现场指出什么情况下需安装防护挡板	如果建筑物的障碍物会引起人员伤害，则应采取相应的预防措施。特别是在与楼板交叉处以及各交叉设置的自动扶梯之间。考官根据现场情况判断考生的回答正确与否
		13.2 现场描述防护挡板的外形尺寸	垂直固定封闭的防护挡板的高度不应小于 0.3m，无锐利边缘，位于扶手带上方，并且延伸至扶手带外缘下至少 25mm（扶手带外缘与任何障碍物之间距离不大于等于 400mm 的除外）
		13.3 判定本自动扶梯防护挡板项目是否符合要求	考官根据现场情况判断考生的回答正确与否
14	关于使用须知	14.1 现场指出本自动扶梯所张贴的使用须知	在自动扶梯入口处应当张贴使用须知。考官根据现场情况判断考生的回答正确与否
		14.2 现场描述使用须知内容	标牌须包括以下内容： （1）应拉住小孩；（2）应抱住宠物；（3）握住扶手带；（4）禁止使用非专用手推车。应尽可能用象形图表示
		14.3 现场判定本自动扶梯使用须知是否符合要求	考官根据现场情况判断考生的回答正确与否

续表

序号	题目	考核问题	要点
15	关于制停距离	15.1 现场描述定期检验测量制动距离时采用空载试验还是有载试验	定期检验测量制动距离时采用空载试验
		15.2 现场描述制停距离的检验过程	准确描述检验过程
		15.3 如果本自动扶梯的名义速度是 0.5m/s，测得制定距离是 0.60m，试判断是否合格	合格
16	关于周边照明	16.1 现场描述自动扶梯对周边照明的要求	在梳齿相交线处采用照度计测量光照度至少为 50lx
		16.2 现场选择测量仪器	照度计
		16.3 测量并判定是否合格	正确操作仪器测量，结果大于 50lx 为合格，否则不合格
17	关于梯级与围裙板间隙	17.1 现场指出梯级、围裙板	正确指出
		17.2 现场描述梯级与围裙板间隙有何要求	梯级两侧任何一侧的水平间隙不应大于 4mm，并且两侧对称位置处的间隙总和不应大于 7mm
		17.3 选择适当量具，测量任一梯级与围裙板间隙、并判定是否合格	选择斜塞尺： 任何一侧的水平间隙不大于 4mm，且两侧对称位置处的间隙总和不大于 7mm 为合格，否则不合格
18	关于检修装置	18.1 现场指出检修控制装置和检修插座	正确指出
		18.2 现场描述检修控制装置的停止开关有哪些要求	每个检修控制装置应当配置一个停止开关，停止开关应当： (1)手动操作； (2)有清晰的位置标记； (3)符合安全触点要求的安全开关； (4)需要手动复位
		18.3 现场判定能否在驱动站和转向站同时操作检修装置	当连接一个以上的检修控制装置时，所有检修控制装置都不起作用
19	关于接地与电气绝缘	19.1 现场描述自动扶梯对接地的要求	供电电源自进入机房或者驱动站、转向站起，中性线(N)与保护线(PE)应当始终分开
		19.2 指出中性线(N)与保护线(PE)	正确指出
		19.3 现场选择仪器测量电气绝缘	绝缘电阻仪
		19.4 现场描述检规中要求测量哪些电路的绝缘值	动力电路、照明电路和电气安全装置电路

续表

序号	题目	考核问题	要点
20	关于防爬装置和阻挡装置	20.1 现场判定本自动扶梯是否装设防爬装置并指出外盖板	准确判断，正确指出类型
		20.2 现场描述防爬装置的作用	为防止人员跌落而在自动扶梯和自动人行道的外盖板上装设的防爬装置
		20.3 现场判定本自动扶梯是否应装阻挡装置	准确判断
		20.4 现场描述阻挡装置的作用	当自动扶梯与墙相邻(自动扶梯为相邻平行布置)，并且外盖板的宽度大于125mm(或与栏杆间隙大于120mm)时，在上、下端部应当安装阻挡装置以防止人员进入外盖板区域
21	关于梳齿与梳齿板	21.1 现场指出梳齿和梳齿板	正确指出
		21.2 现场描述如何检验梳齿与梳齿板	梳齿板梳齿或踏面齿应当完好，不得有缺损。梳齿板梳齿与踏板面齿槽的啮合深度应至少为4mm，间隙不应超过4mm
		21.3 选择量具测量	正确测量
22	关于扶梯检验的安全防护	22.1 现场描述在驱动站与转向站检验时的安全和防护要求	掌握安全进入、撤出驱动站与转向站的要求，即： ——确保正确着装(包括正确使用安全帽、工作服、防护鞋，专用手套等)； ——检修盖板开启前，先在驱动站周围与转向站周围设置围挡； ——狭小空间内，时刻注意旋转部件(如梯级踏板、电动机、轴、固定式盘车轮)、运动部件(制动器、传动链)和电气部分对自身的潜在危害
		22.2 现场描述对扶梯的相邻区域检验时的安全和防护要求	站在梯级或踏板上进行检验时，应注意与楼板交叉处或与其他扶梯交叉处，防止交叉部位带来的伤害
		22.3 现场描述在梯级上检验时的安全和防护要求	——在验证梯级下陷保护等功能时，往往需要拆除部分梯级或踏板，检验员应清醒地意识到梯级踏板的缺失所产生的潜在危害，防止急停时或行进中跌入空洞； ——拆除的梯级踏板应及时安装复位，防止看护不当给他人造成伤害

二、应知应会之问答36题

1. 2014年3月15日，某特种设备检验机构检验员对某商场一楼两台自动扶

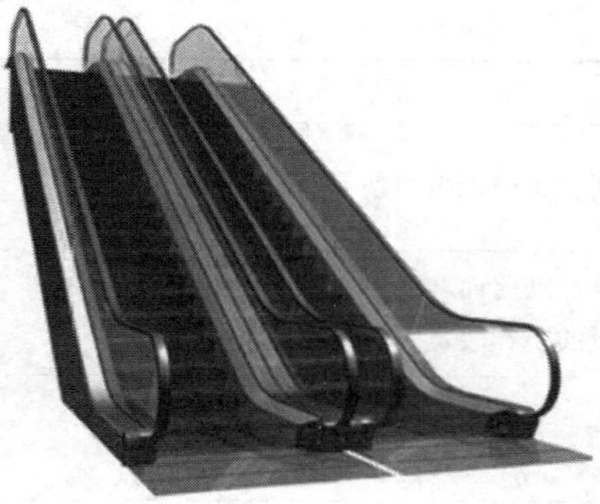

图 7-1　两台并列自动扶梯

梯进行定期检验，现场如图 7-1 所示，图中是否按 TSG T7001—2023 规定设置了扶手防爬/阻挡装置？并说明相关要求。

【参考答案】

未设置扶手防爬/阻挡装置。扶手防爬/阻挡装置的设置应符合 TSG T7001 的要求：

（1）为防止人员跌落而在自动扶梯和自动人行道的外盖板上装设的防爬装置应当符合：防爬装置位于地平面上方（1000±50）mm，下部与外盖板相交，平行于外盖板方向上的延伸长度不应小于 1000mm，并确保在此长度范围内无踩脚处。该装置的高度至少与扶手带表面齐平。

（2）当自动扶梯或者自动人行道与墙相邻，并且外盖板的宽度大于 125mm 时，在上、下端部应当安装阻挡装置以防止人员进入外盖板区域。当自动扶梯或者自动人行道为相邻平行布置，并且共用外盖板的宽度大于 125mm 时，也应当安装这种阻挡装置。该装置应当延伸到高度距离扶手带下缘 25~150mm。

2. 2016 年 6 月 20 日，某特种设备检验机构检验员对某商场一台自动扶梯进行定期检验，现场防护挡板如图 7-2 所示，请问该防护挡板是否符合 TSG T7001—2023 的相关要求并说明原因？如果不符合应如何设置？

图 7-2　防护挡板

【参考答案】

（1）不符合，因为：

① 防护挡板的规格不满足要求，其垂直边不满足无锐利边缘的要求；

② 防护挡板的安装不满足要求，延伸至扶手带外缘 25mm 以下，采用悬挂的

方式而不是固定的方式，并且安装的位置不正确，没有将扶手与墙壁间产生的夹角封闭；

③ 防护挡板没有实现防护的功能，不能排除因夹角而产生夹人的风险。

（2）防护挡板设置应达到 TSG T7001—2023 的要求：

如果建筑物的障碍物会引起人员伤害，则应采取相应的预防措施。特别是在与楼板交叉处以及各交叉设置的自动扶梯或自动人行道之间，应当设置一个高度不应小于 0.3m，无锐利边缘的垂直固定封闭防护挡板，位于扶手带上方，并且延伸至扶手带外缘下至少 25mm（扶手带外缘与任何障碍物之间距离大于等于 400mm 的除外）。

3. 图 7-3 为某商场一台自动扶梯的扶手装置与商场二楼固定护栏（该护栏外侧悬空）的位置关系示意图。请依据 GB 16899—2011 中的有关规定，判断图中所示尺寸 A、B、C 是否符合要求？并具体说明 A、B、C 应当满足什么要求。

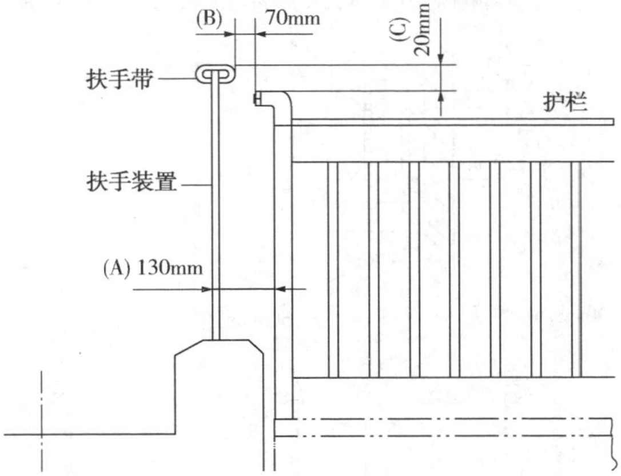

图 7-3　扶手装置与商场二楼固定护栏位置关系示意图

【参考答案】

三个尺寸都不符合要求：A 应当不大于 120mm；B 应当在 80～120mm 之间；对于 C，护栏应当高出扶手带至少 100mm。

4. 2015 年 6 月 10 日，某检验机构的两名电梯检验人员对某地铁站出入口的一台公共交通型自动扶梯进行定期检验。在对该自动扶梯的“防护挡板”项目进行检验时，现场状况如图 7-4 所示，请问该防护挡板是否符合要求？并请说明理由。

【参考答案】

不符合。按照 TSG T7001—2023 规定，防护挡板高度应不小于 0.3m，但是本自动扶梯的防护挡板高度小于 0.3m。

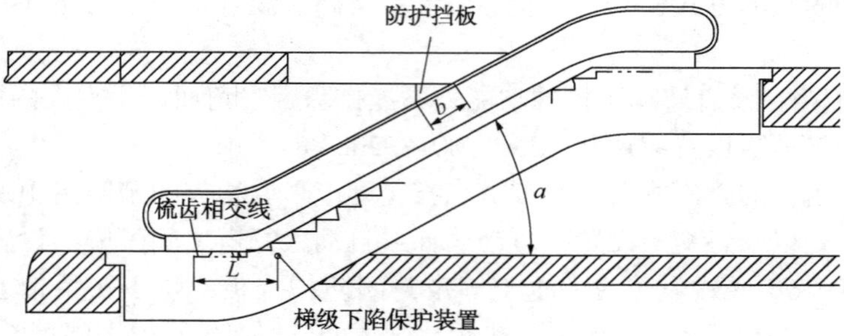

图 7-4　现场情况

$h=300$mm；$L=380$mm

5. 某商场有多台自动扶梯，检验人员在检验中发现部分自动扶梯的阻挡装置尺寸如图 7-5 所示，请依据 TSG T7001—2023 的有关规定，判断图中所示 A、B 尺寸是否符合要求？并具体说明自动扶梯阻挡装置设置要求。

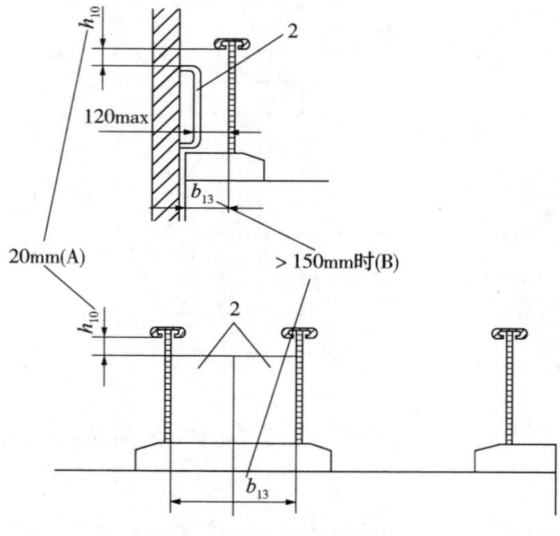

图 7-5　某商场自动扶梯阻挡装置尺寸示意图

【参考答案】

图中阻挡装置设置 A、B 尺寸都不符合要求：

（1）当自动扶梯或者自动人行道与墙相邻，并且外盖板的宽度大于 125mm 时，在上、下端部应当安装阻挡装置以防止人员进入外盖板区域；

（2）当自动扶梯或者自动人行道为相邻平行布置，并且共用外盖板的宽度大于 125mm 时，也应当安装这种阻挡装置；

（3）该装置应当延伸到高度距离扶手带下缘 25~150mm。

6. 事故案例 1：2013 年，江苏南京光华路某装饰城一名 4 岁女童在扶梯上脚部被卡在扶梯梳齿板与梯级之间，经检查，孩子右脚骨折。

事故案例 2：2011 年，一名 4 岁的男孩跟妈妈在某大型商场逛街时，右脚被夹进自动扶梯梯级与梳齿板之间，导致一根脚趾被夹断。

根据上述案例及 TSG T7001—2023 的要求，在自动扶梯与自动人行道进行定期检验时，哪些间隙在检验时需要特别注意？对这些间隙是如何规定的？

【参考答案】

（1）应注意检查梯级、踏板或胶带与围裙板间隙；梳齿板梳齿与踏板面齿槽的间隙。

（2）自动扶梯或自动人行道的围裙板设置在梯级、踏板或胶带的两侧，任何一侧的水平间隙不应大于 4mm，且两侧对称位置处的间隙总和不应大于 7mm。

如果自动人行道的围裙板设置在踏板或胶带之上，则踏板表面与围裙板下端间所测得的垂直间隙不应超过 4mm；踏板或胶带产生横向移动时，不允许踏板或胶带的侧边与围裙板垂直投影间产生间隙。

（3）梳齿板梳齿或踏面齿应完好，不得有缺损。梳齿板梳齿与踏板面齿槽的啮合深度应至少为 4mm，间隙不应超过 4mm。

7. 图 7-6 为某商场一台自动扶梯的防爬装置示意图。1 为防爬装置，*L* 为防爬装置平行于外盖板方向上的延伸长度，经测量 *L*＝950mm；*H* 为防爬装置离地面的高度，经测量 *H*＝870mm；防爬装置与扶手带外缘之间的水平距离 *B* 为 75mm，且防爬装置略低于扶手带表面。请依据 GB 16899—2011 中的有关规定，判断图中所示尺寸 *L*、*H*、*B* 是否符合要求？并具体说明防爬装置应当满足什么要求。

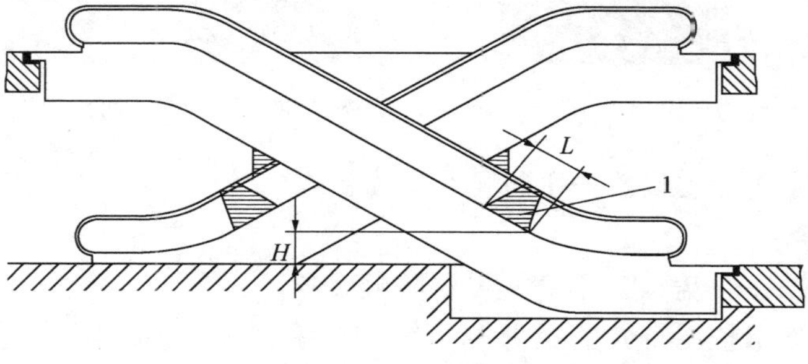

图 7-6 自动扶梯防爬装置示意图

【参考答案】

（1）*L*、*H*、*B* 均不符合 GB 16899—2011 中规定。

（2）GB 16899—2011 中规定：

防爬装置位于地面上方（1000±50）mm，下部与外盖板相交，平行于外盖板方向上的延伸长度不应小于 1000mm，并应当确保在此长度范围内无踩脚处。该装置的高度应当至少与扶手带表面齐平。

8. 图 7-7 为某自动扶梯出入口的 2 个尺寸，根据这 2 个尺寸，可以判定该自动扶梯出入口的哪些尺寸不符合要求？

【参考答案】

根据图中的 2 个尺寸，可以判定该自动扶梯出入口的下列尺寸不符合要求：

(1) 阻挡装置与护壁板之间的距离大于 120mm，不符合要求，应小于 120mm；

(2) 固定护栏的高度虽然大于 100mm，但是其上部与扶手带外缘之间的距离大于 120mm，不符合要求，应在 80~120mm。

9. 图 7-8 为某地铁中常见的自动扶梯出入口外侧，请就本图回答下列问题。

图 7-7　自动扶梯出入口

图 7-8　某地铁自动扶梯出入口外侧

【问题 1】是否需要设置扶手防爬装置为什么？

【参考答案】

该盖板为扶手带盖板，不需要设置防爬装置。

【问题 2】如果扶手带外盖板外侧边缘和扶手带中心线之间的距离为 500mm，是否需要设置防滑行装置，为什么？

【参考答案】

不需要，因为该外盖板外侧不与建筑物(墙)相邻。

10. 图 7-9 是驱动装置和制动器中置的自动扶梯，就本图回答下列问题。

【问题 1】对该类自动扶梯的维修空间有什么要求？

【参考答案】

（1）在机房，尤其是在桁架内部的驱动站和转向站内，应具有一个没有任何永久固定设备的、站立面积足够大的空间，站立面积不小于 0.3m²，其较短一边的长度不小于 0.5m；

图 7-9 驱动装置和制动器中置

（2）当主驱动装置或制动器装在梯级、踏板或胶带的载客分支和返回分支之间时，在工作区段应提供一个水平的立足区域，其面积不小于 0.12m²，最小边尺寸不小于 0.3m。

【问题 2】该处的电气照明是否应该为永久性的？

【参考答案】

在桁架内的驱动站、转向站以及机房中提供可移动的电气照明装置即可，只有分离机房的电气照明才应当是永久固定的。

11. 图 7-10 为某商场一台自动扶梯的出入口与障碍物的分布图，根据此图回答下列问题。

【问题 1】请描述 TSG T7001—2023 与 GB 16899—2011 对自动扶梯出入口畅通区域要求的不同点。

【参考答案】

TSG T7001—2023：在自动扶梯和自动人行道的出入口，应有充分畅通的区域。该畅通区的宽度至少等于扶手带外缘距离加上每边各 80mm，该畅通区纵深尺寸从扶手装置端部算起至少为 2.5m；如果该区域的宽度不小于扶手带外缘之间距离的两倍加上每边各 80mm，则其纵深尺寸允许减少至 2m。

GB 16899—2011：在自动扶梯和自动人行道的出入口，应有充分畅通的区域。该畅通区的宽度至少等于扶手带外缘距离加上每边各 80mm，该畅通区纵深尺寸从扶手装置端部算起至少为 2.5m；如果该区域的宽度增至扶手带外缘之间距离加上每边各 80mm 的两倍及以上，则其纵深尺寸允许减少至 2m。

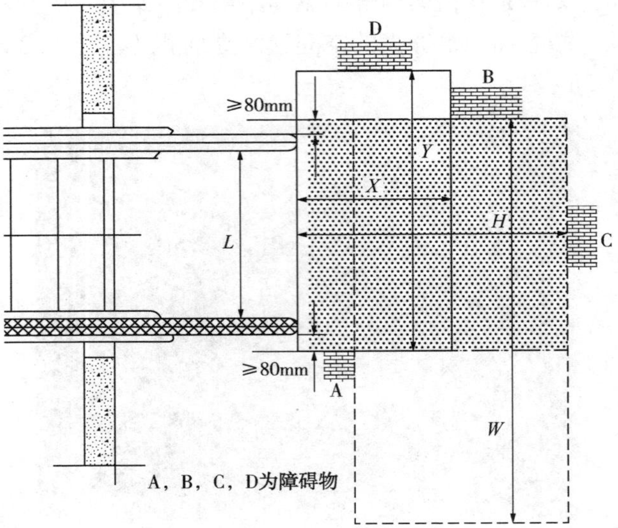

图 7-10　自动扶梯的出入口与障碍物的分布图

【问题 2】试分析图中 X、Y、W、H 各值之间应满足什么关系才能符合检规要求？

【参考答案】

（1）$X \geqslant 2.5$m 时；或

（2）$Y \geqslant (2L+160)$mm，且 $X \geqslant 2.0$m 时；或

（3）$X \leqslant 2.5$m，且 $Y \leqslant (2L+160)$mm，$H \geqslant 2.5$m 时。

12. 图 7-11 为标准中要求的自动扶梯的梯级或自动人行道的踏板或胶带上方，垂直净高度不应小于 2.3m。请回答图中阴影部分 A 和 B 的区别？

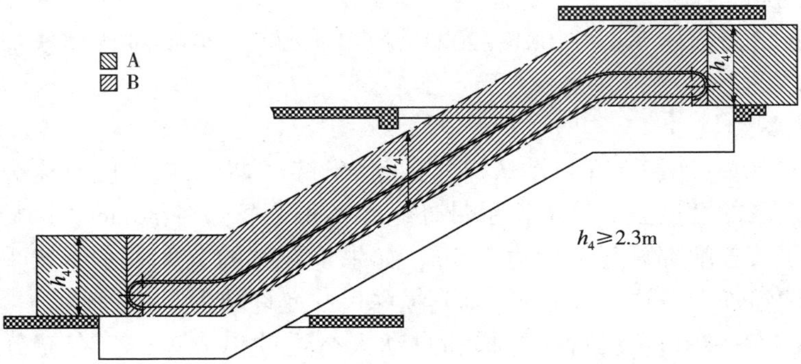

图 7-11　垂直净高度示意图

【参考答案】

A 是 GB 16899—2011 规定的符合区域；B 是 GB 16899—2011 建议的符合区域。

13. 图 7-12 为对扶手带外缘距离的要求，请回答对图中三个尺寸各有什么要求？图 7-13 是否符合要求？

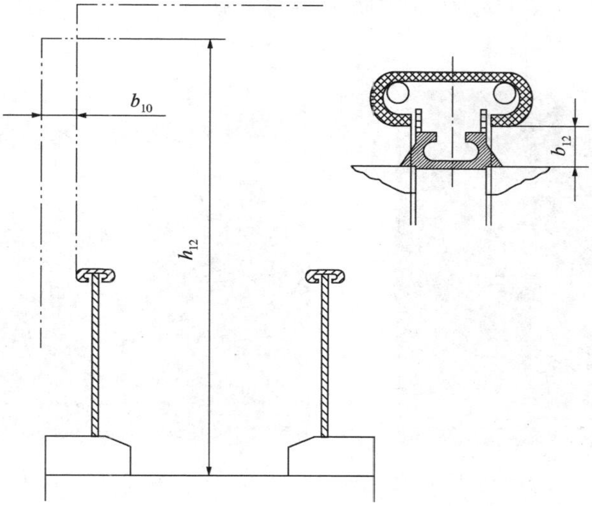

图 7-12 扶手带外缘距离

图 7-13 某超市两条自动人行道之间的货架

【参考答案】

（1）为防止扶在扶手带上的人手与墙壁或其他障碍物碰撞，在梯级上方 h_{12} = 2.1m 的高度范围内，墙壁或其他障碍物与扶手带外缘之间的水平距离 b_{10} 均不得小于 80mm；墙壁或其他障碍物与扶手带下缘的垂直距离 b_{12} 均不得小于 25mm。

（2）图 7-13 的货架设置不符合要求。

14. 图 7-14 为某自动扶梯的防攀爬装置，就本图所示，指出其不符合要求的几点？

【参考答案】

① 防攀爬装置外侧未封闭，下部 1000mm 的尺寸不符合要求；②防攀爬上部未与扶手带齐平或高出扶手带。

15. 图 7-15 为某自动扶梯的防夹装置，就本图所示，指出其不符合要求的几点？

图 7-14　自动扶梯防攀爬装置

图 7-15　防夹装置

【参考答案】

① 防夹装置端点超出梳齿与踏面相交线；②防夹装置刚性部件下缘与梯级前缘连线的垂直距离较大。

16. 事故案例：如现场图 7-16 所示，2014 年 4 月 2 日上午上班高峰期，上海地铁一自动扶梯在运载大量乘客向上运行时突然改变规定运行方向逆转下行，众多乘客向后倒下，致使 13 名乘客受伤。

事故原因：自动扶梯驱动链条过渡链接板的折弯转角处存在应力集中效应、表面存在脱碳现象，导致使用中疲劳断裂。此外，由于主驱动链保护电气开关调整位置不正确，当主驱动链脱离小链轮而松弛下垂后，该电气开关不能被顶压动作，因此未能触发附加制动器对失控下滑的梯路系统进行制动。

【问题 1】有哪些原因会导致自动扶梯或倾斜式自动人行道运行中发生逆转？

【参考答案】

可能存在的原因有：

（1）驱动装置与梯级链轮之间的驱动链断链造成逆转；

（2）驱动梯级的链条发生断链而造成逆转；

（3）自动扶梯或自动人行道严重超载，造成电动机力矩不足而导致逆转；

图 7-16　现场

（4）驱动装置与梯级链轮之间的驱动使用皮带，而皮带发生打滑造成逆转；

（5）自动扶梯和自动人行道在运行中突然发生故障导致急停，而工作制动器不能提供足够的制动力矩而导致逆转。

【问题 2】在什么情况下，自动扶梯或倾斜式自动人行道应当设置一个或多个机械式(利用摩擦原理)附加制动器?

【参考答案】

（1）工作制动器和梯级、踏板或者胶带驱动装置之间不是用轴、齿轮、多排链条、多根单排链条连接的；

（2）工作制动器不是机-电式制动器；

（3）提升高度超过 6m；

（4）公共交通型。

【问题 3】根据 GB 16899—2011 附加制动器的触发条件是什么?

【参考答案】

根据 GB 16899—2011 中 5.4.2.2.4 附加制动器在下列任何一种情况下都应起作用：

（1）对于下行的扶梯或倾斜人行道，在速度超过额定速度 1.4 倍之前；

（2）对于上行的扶梯或倾斜人行道，最迟在梯级、踏板或胶带改变其规定运行方向时。

17. 2015 年 6 月 10 日，某检验机构的两名电梯检验人员对某地铁站出入口的一台公共交通型自动扶梯进行定期检验。检验人员审查了该自动扶梯的产品质量证明文件等技术资料，得知该自动扶梯的倾斜角为 30°，名义速度为 0.50m/s，名义宽度为 1000mm，提升高度为 4.5m。该自动扶梯依据 GB 16899—2011 制造，上次检验日期为 2014 年 6 月 29 日，检验结论为合格。现场如图 7-17 所示。

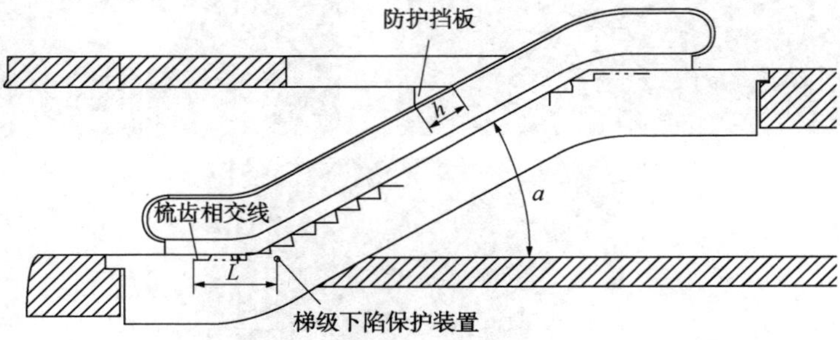

图 7-17　现场图

图中：$h=300$mm；$L=380$mm

【问题 1】该自动扶梯是否需要对“梯级或踏板的下陷保护”项目进行检验？为什么？

【参考答案】

需要检验。因为 TSG T7001—2023 规定需要检验的项目；其中“★(2)故障锁定”为标有★的项目，按照 TSG T7001—2023 的规定，对于按照 GB 16899—2011 制造的自动扶梯，该分项也需检验。

【问题 2】如果工作制动器的制停距离为 566mm，判断该项目是否符合要求？为什么？

【参考答案】

不符合。因为梯级下陷保护装置设置的位置与梳齿相交线的距离(380mm)小于工作制动器的制停距离(566mm)。

18. 根据 TSG T7001—2023 规定，当公共交通型自动扶梯发生非操纵逆转时，哪些监控和安全装置应动作？

【参考答案】

(1) 非操纵逆转保护；

(2) 附加制动器。

19. 当扶梯发生事故时，应立即按下紧急停止按钮。根据 TSG T7001—2023 回答下列问题。

【问题 1】对紧急停止装置的设置有什么要求？

【参考答案】

紧急停止装置应设置在位于自动扶梯或自动人行道出入口附近的、明显而易于接近的位置。紧急停止装置应为红色，应有清晰且是永久的中文标识。

为方便接近，必要时应当增设附加急停装置。急停装置之间的距离应当符合下述要求：

（1）自动扶梯不应超过 30m；

（2）自动人行道不应超过 40m。

【问题 2】当紧急停止装置制停自动扶梯或自动人行道后，是否需要其保持在停止状态？

【参考答案】

不需要。

20. 如图 7-18 所示，梯级（踏板）最低点与检测杆之间的间隙有什么要求？

图 7-18　梯级间隙

【参考答案】

该间隙应能保证，当梯级或踏板的任何部分下陷导致不再与梳齿啮合时，梯级下陷保护装置则应能使自动扶梯或自动人行道停止运行。这个间隙如果过大，即使在梯级（踏板）轮过度磨损的情况下，梯级下陷保护装置也不能不动作，其后果是梯级（踏板）与梳齿不能正常啮合，两者之间的间隙增大，乘客的脚、裤子和裙子等可能被夹入其中，从而造成伤害。

21. 如果梯级下陷保护装置的触发位置距梳齿相交线的距离为 0.45m，测得该自动扶梯空载向下的制停距离为 0.52m，该自动扶梯梯级下陷保护装置的设置是否符合要求？

【参考答案】

不符合要求。该装置应设置在每个转向圆弧段之前并在梳齿相交线之前有足够距离的位置，以保证下陷的梯级或踏板不能到达梳齿相交线。由于下陷保护开关触发位置距梳齿相交线的距离小于该自动扶梯空载向下的制停距离，即不能保证下陷的梯级在到达梳齿相交线前停止。

22. TSG T7001—2023 对梯级或踏板的下陷保护是如何规定的？

【参考答案】

（1）当梯级或踏板的任何部分下陷导致不再与梳齿啮合时，应有安全装置使自动扶梯或自动人行道停止运行。该装置应设置在每个转向圆弧段之前并在梳齿相交线之前有足够距离的位置，以保证下陷的梯级或踏板不能到达梳齿相交线。

（2）该装置动作后，只有手动复位故障锁定，并操作开关或检修控制装置才能重新启动自动扶梯或自动人行道。即使电源发生故障或恢复供电，此故障锁定应始终保持有效。

23. 如果自动扶梯发生如图 7-19 所示的事故，哪些保护装置可能会动作？

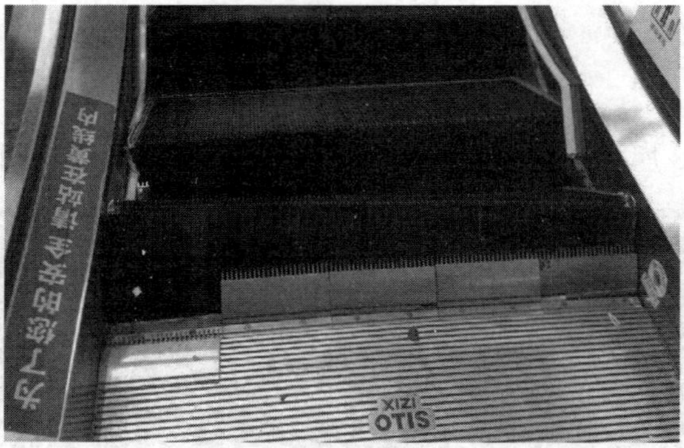

图 7-19　事故自动扶梯

【参考答案】

梳齿板保护装置会动作。

24. 如图 7-20 所示，梳齿板保护装置安装在什么位置上？其动作原理是什么？

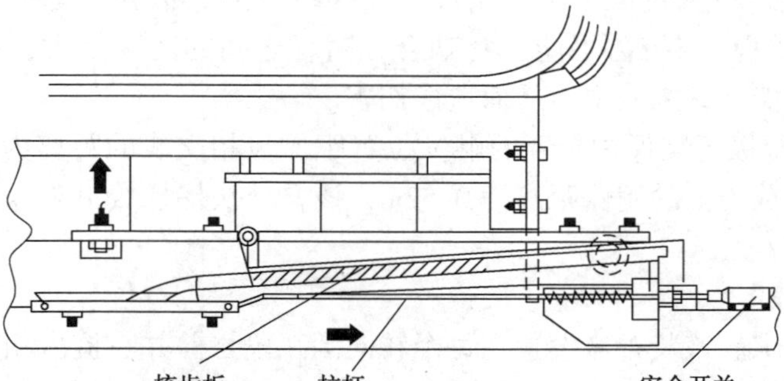

图 7-20　梳齿板保护装置

【参考答案】

在梳齿板两侧端各装有一个梳齿板安全开关，如图所示，一旦梯级与梳齿相啮合处有硬物卡住，使梳齿板向右边移动，从而断开梳齿板安全开关，自动扶梯停止运行。

25. 当有异物卡入梳齿板时，梳齿板保护装置必须动作，这样理解正确吗？

【参考答案】

这样理解不正确。根据 GB 16899—2011 § 5. 7. 3. 2. 5、5. 7. 3. 2. 6，当梳齿板设计成当有异物卡入时，梳齿在变形(或者梳齿断裂)情况下仍能保持与梯级或踏板正常啮合，不要求自动扶梯或自动人行道自动停止运行。GB 16899—2011 的要求可以理解为梳齿板保护的目的是防止梳齿板与梯级或踏板发生碰撞，保证啮合的尺寸，不是防止异物卡入。

26. 2015 年 6 月 10 日，某检验机构的两名电梯检验人员对某地铁站出入口的一台公共交通型自动扶梯进行定期检验。检验人员审查了该自动扶梯的产品质量证明文件等技术资料，得知该自动扶梯的倾斜角为 30°，名义速度为 0. 50m/s，名义宽度为 1000mm，提升高度为 4. 5m。该自动扶梯依据 GB 16899—2011 制造，上次检验日期为 2014 年 6 月 29 日，检验结论为合格。

根据现行 TSG T7001—2023 的规定，哪几种情况需设置附加制动器？该自动扶梯是否应设置附加制动器？为什么？附加制动器应该在什么情况下起作用？

【参考答案】

(1) 在以下情况下，自动扶梯应设置附加制动器：

① 工作制动器和梯级的驱动轮之间不是用轴、齿轮、多排链条或多根单排链条连接的；

② 工作制动器不是符合规定的机-电式制动器；

③ 提升高度超过 6m 的自动扶梯；

④ 公共交通型自动扶梯。

(2) 应设置，因为该自动扶梯为公共交通型。

(3) 附加制动器在下列任何一种情况下都应起作用：

① 在速度超过额定速度 1. 4 倍之前；

② 在梯级踏板或胶带改变其规定运行方向时。

27. 图 7-21 为自动扶梯的示意图。针对该图，回答下列问题。

【问题 1】自动扶梯的梯级或踏板缺失保护有什么要求？

【参考答案】

自动扶梯的梯级或踏板缺失保护应符合下列要求：

(1) 自动扶梯应当能够通过装设在驱动站和转向站的装置检测梯级或

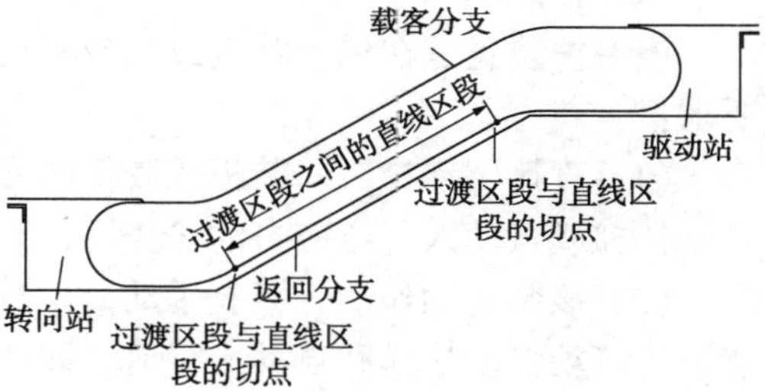

图 7-21　自动扶梯示意图

踏板的缺失，并应在缺口（由梯级或踏板缺失而导致的）从梳齿板位置出现之前停止。

（2）该装置动作后，只有手动复位故障锁定，并操作开关或者检修控制装置才能重新启动自动扶梯。即使电源发生故障或者恢复供电，此故障锁定应当始终保持有效。

【问题 2】上述保护应设置在图中的哪个位置？

【参考答案】

应设置在过渡区段之间的直线区段以外。

【问题 3】某检验员检验某商场的 2 台自动扶梯时，发现其中 1 台未设置梯级或踏板缺失保护，另外 1 台梯级或踏板缺失保护的设置位置不符合要求，因此判定该 2 台自动扶梯的检验结论为“不合格”，请问是否正确，为什么？

【参考答案】

如果该 2 两台自动扶梯是按照 GB 16899—1997 及更早期标准生产，则判定不正确；如果该 2 两台自动扶梯是按照 GB 16899—2011 标准生产，则判定正确。

28. 图 7-22 是扶梯的某种保护装置常见的形式，请回答该装置是什么保护装置，有什么具体要求？

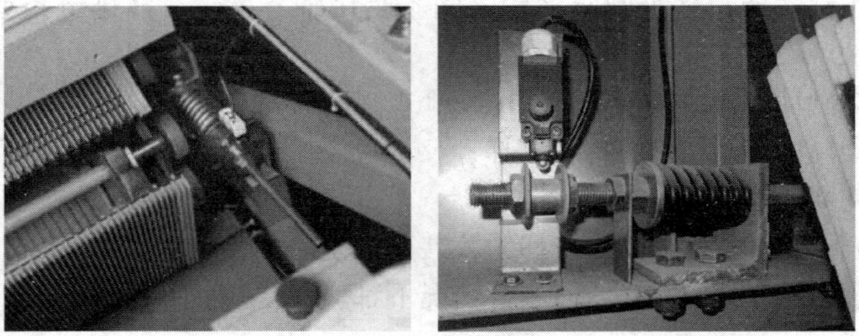

图 7-22　扶梯的某保护装置

【参考答案】

该保护装置是在梯级踏板或胶带驱动元件断裂或过分伸长保护装置，有如下要求：

（1）直接驱动梯级、踏板或胶带的元件（如：链条或齿条）断裂或过分伸长，自动扶梯或自动人行道应自动停止运行。

（2）该装置动作后，只有手动复位故障锁定，并操作开关或检修控制装置才能重新启动自动扶梯和自动人行道。即使电源发生故障或恢复供电，此故障锁定应始终保持有效。

该保护装置在驱动装置与转向装置之间的距离发生过分伸长或缩短时，使自动扶梯或自动人行道停止运行。

29. 图 7-23 是扶梯的某种保护装置常见的形式，请回答该装置是什么保护装置？该类装置有几种形式？图 7-23 是否符合要求，为什么？

图 7-23　扶梯的某种保护装置

【参考答案】

该保护装置是扶梯的检修盖板和上下盖板开启监控装置，有三种形式：安全开关、安全电路、可编程电子安全相关系统(PESSRAE)；该图中的监控装置不符合要求，因为根据 GB 16899—2011 § 5. 12. 1. 2. 2. 1，安全开关的动作应使触点强制地机械断开，甚至两触点熔接在一起也应强制的机械断开。当所有触点断开元件处于断开位置时，且在有效行程内动触点和驱动机构之间无弹性元件(例如弹簧)施加作用力，则触点获得强制的机械断开。因此，如果检修盖板和上下盖板监控装置选用安全开关方式，在楼层板被打开或移走时，安全电路应断开，扶梯无法启动或保持运行。图中所示通过弹簧复位来实现触点断开的方式，不符合安全开关要求。

30. 2016 年 8 月 15 日，某特种设备检验机构检验员对某商场一台自动扶梯进行定期检验，现场驱动站内的电源插座和转向站的停止开关分别如图 7-24、图 7-25所示。请分析该设置是否符合 TSG T7001—2023 的相关要求？并说明理白。

图 7-24　电源插座

图 7-25　转向站的停止开关

【参考答案】

（1）电源插座不符合要求，应达到 TSG T7001—2023 的要求，桁架内的驱动站、转向站以及机房中应配备电源插座：2P+PE 型 250V，由主电源直接供电；或者符合安全特低电压的供电要求（当确定无须使用 220V 的电动工具时）。

（2）停止开关不符合要求，应达到 TSG T7001—2023 的要求，在驱动站和转向站都应设有停止开关，如果驱动站已经设置了主开关，可不设停止开关。对于驱动装置安装在梯级、踏板或胶带的载客分支和返回分支之间或者设置在转向站外面的自动扶梯与自动人行道，则应在驱动装置区段另设停止开关。停止开关应是红色双稳态的，应有清晰并且永久的标识。

31. 2015 年 6 月 10 日，某检验机构的两名电梯检验人员对某地铁站出入口的一台公共交通型自动扶梯进行定期检验。在对该自动扶梯进行“制停距离”项目检验时，测得空载制停距离为 566mm，请判断是否符合要求？依据是什么？

【参考答案】

符合，TSG T7001—2023 规定，名义速度为 0.50m/s 的自动扶梯空载向下运行时制停距离范围为 0.20～1.00m，0.566m 在此范围之内。

32. 图 7-26 是一台自动扶梯的接触器电源保护电路，某检验员对上行运行接触器 S 和下行运行接触器 X 分别验证了其独立性及防粘连保护，均符合要求，该检验员判定 TSG T7001—2023 的检验结论为“合格”，请问该检验员判定是否正确，为什么？

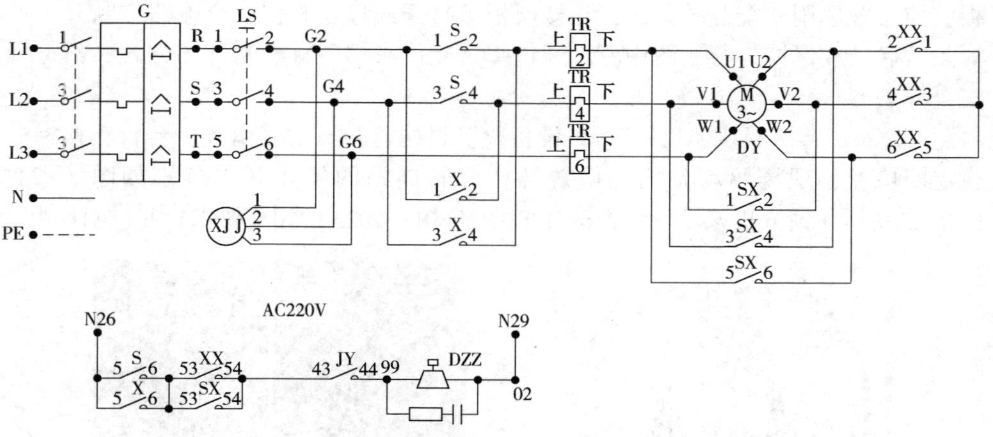

图 7-26　接触器的电源保护电路

SX—三角形接线法启动接触器；XX—星形接线法正常运行接触器；

S—向上运行接触器；X—向下运行接触器

【参考答案】

不正确，检验时要分别检证 S、X、XX、SX 四个接触器独立性及是否有防粘连保护。

33. 图 7-27 为一台自动扶梯的驱动主机，结合本图，请问自动扶梯手动盘车装置的要求是什么？本台扶梯的设置是否符合要求？

图 7-27 电气安全装置设置在驱动主机的电动机后机罩上

【参考答案】

(1) 要求：

① 如提供手动盘车装置，该装置应容易接近，操作安全可靠。盘车装置不得采用曲柄或多孔手轮。

② 如果手动盘车装置是拆卸式的，那么该装置安装上驱动主机之前或装上时，电气安全装置应起作用。

(2) 图 7-27 中电气安全装置安装在驱动主机的电动机后机罩上，如果要安装盘车装置，必须先拆除电动机后机罩，因此能保证盘车装置安装上驱动主机之前电气安全装置起作用，所以该设置符合要求。

34. 图 7-28 是自动扶梯结构图，请标出图中 1、2、3、4、5 处部件的名称。

【参考答案】

1—扶手带；2—梯级；3—控制屏；4—驱动主机；5—扶手驱动轮。

35. 2016 年 10 月 10 日，某检验机构的两名电梯检验员对某一台制造日期为 2015 年 3 月、名义速度为 0.50m/s 的自动扶梯进行定期检验。在对该自动扶梯“扶手带运行速度偏差”进行检验时，测得梯级上行速度为 0.49m/s、下行速度为 0.495m/s，其中一名检验员计算过程如下：

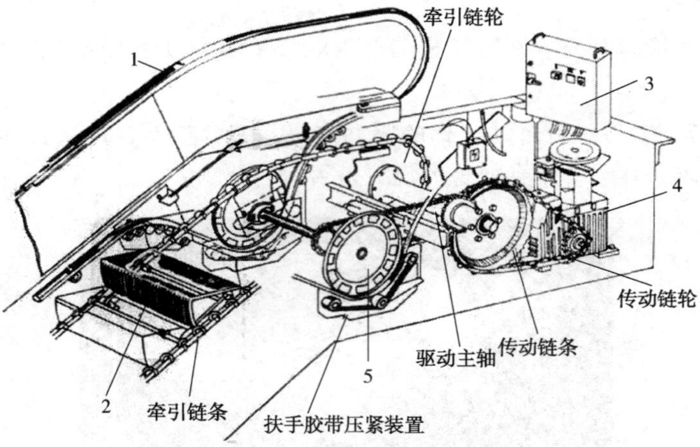

图 7-28　自动扶梯结构

上行时，扶手带运行速度相对于梯级的偏差为：

$$(0.50-0.49)/0.49\approx2.04\%>2\%$$

下行时，扶手带运行速度相对于梯级的偏差为：

$$(0.50-0.495)/0.495=1.01\%<2\%$$

因此，该检验员认为自动扶梯的扶手带运行速度偏差不符合要求。

【问题 1】该检验员的判断是否正确？如果不正确，请指出错误之处。

【参考答案】

该检验员的判断不正确，该检验员的错误有三点：一是将自动扶梯的名义速度当扶手带的运行速度进行计算；二是计算结果的精度应精确到整数位，且应分正或负偏差；三是扶手带的速度只允许正偏差(0~+2%)。

【问题 2】如果你是另一名检验员，应如何测量和计算？

【参考答案】

(1) 启动自动扶梯上行，待运行正常后，分别测量自动扶梯左右扶手带的速度 $F_{上L}$、$F_{上R}$和梯级的上行速度 $T_{上}$；

(2) 关闭自动扶梯，待停止后，启动自动扶梯下行，待运行正常后，分别测量自动扶梯左右扶手带的速度 $F_{下L}$、$F_{下R}$和梯级的上行速度 $T_{下}$；

(3) 分别计算上行时左右扶手带的运行速度 $F_{上L}$、$F_{上R}$相对于梯级的上行速度 $T_{上}$ 的偏差和下行时左右扶手带的运行速度 $F_{下L}$、$F_{下R}$相对于梯级的上行速度 $T_{下}$ 的偏差，精确到整数位，若 4 个计算结果均在 0~+2%范围内，则判定合格，否则为不合格。

36. 图 7-29 为某商场的一台倾斜角为 30°、名义速度为 0.5m/s、提升高度为 5m、带自动启动和停止功能的自动扶梯出入口，请根据图示回答下列问题。

图 7-29　某自动扶梯出入口

【问题 1】该自动扶梯设置了只向下运行，当乘客逆行走上梯级时不启动，是否符合要求？如果不符合，应如何设置？

【参考答案】

不符合。采用自启动运行的自动扶梯应符合下列要求：

（1）当乘客到达梳齿和踏面相交线之前，应当已经启动和加速。

（2）应设置为当乘客从预定运行方向相反的方向进入时，自动扶梯仍应按照预先确定的方向启动，运行时间应当不少于 10s。当乘客通过后，自动扶梯或自动人行道应当有足够的时间（至少为预期乘客输送时间再加上 10s）才能自动停止运行。

【问题 2】如该扶梯向上运行，某检验员动作图中扶手带保护装置 b 时，自动扶梯仍能启动或正常运行，该检验员判定检验结论为“不合格”，请问检验员判定是否正确？为什么？

【参考答案】

不正确。扶手带入口保护的要求为“在扶手转向端的扶手带入口处应当设置手指和手的保护装置，该装置动作时，驱动主机应当不能启动或者立即停止”，该自动扶梯向上运行时，图中扶手带保护装置 b 处的扶手带处于外出而非进入状态，因此动作该装置，自动扶梯可以启动或正常运行。

【问题 3】图 7-30 为 c 的放大图（尺寸符合要求），某检验员认为该象形图无中文标识，判定检验结论“不合格”，请问检验员判定是否正确？为什么？

【参考答案】

TSG T7001—2023 对使用须知的要求如下：

在自动扶梯或自动人行道入口处应当设置使用须知的标牌，标牌须包括以下内容：

（1）应拉住小孩；

(2) 应抱住宠物；

(3) 握住扶手带；

(4) 禁止使用非专用手推车(无坡度自动人行道除外)。

这些使用须知，应尽可能用象形图表示。

图 7-30　c 的放大图

【问题 4】图 7-31 为 a 的放大图，请问该装置是否符合要求？为什么？

【参考答案】

不符合。该装置为自动扶梯出入口的紧急停止装置，应有清晰并且永久的中文标识。

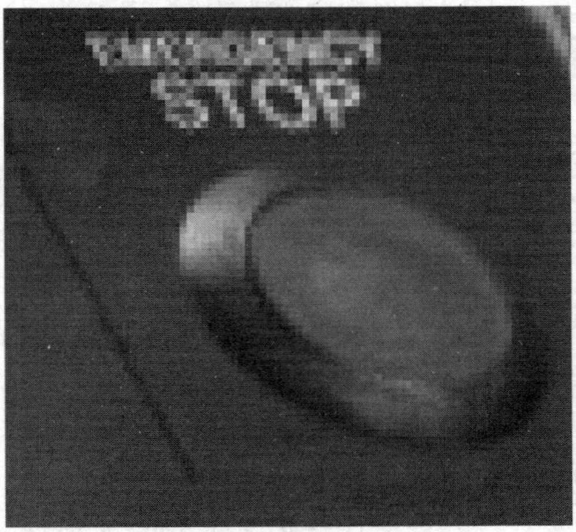

图 7-31　a 的放大图

下篇

检验师之精益求精

自动扶梯的结构可以概括为“二路、八板、一基础、安全控制传动组”。

如果单从字面上看，扶梯就是由扶手带和梯级的首字组合而成。有了扶手带和梯级，乘客才有了“扶手之处和立足之地”，扶手带与梯级由同一主轴驱动，梯路就是指梯级之路；带路就是扶手带之路。两者一同出来一同进去始终陪伴着乘客。只要有一节梯级被卡住，整台扶梯就得停止；只要扶手带有一处被卡，整条扶手带都要受到影响，整个扶梯无法运行。它们是扶梯两个最主要的机构部件，相辅相成，牵一发动全身。

动力传动组：是指驱动机组，是由电动机、减速箱、制动器和传动的链轮、链条以及驱动主轴所组成的传动组，其功用就是接受驱动主机的动力，再由驱动主轴同步地驱动梯级和扶手带，运送乘客。

一基础是指桁架。因为自动扶梯所有部件都安装在桁架上，都是以它为基准作为靠山。仰仗于它的平直、刚强及正确的几何尺寸，它必须能够承受足够的负载和振动。它是影响品牌价格乃至扶梯质量的一个重要部件，轻巧、刚强者为上品。

控制系统就是自动扶梯的大脑神经中枢，包括了控制柜、操纵开关和电气部件，以及控制原则。

第八章　扶手带之路

扶手带之路，就是驱动轮驱动扶手带沿着扶手装置顶部上的导轨循环运行，不断为乘客提供“活动的扶手”，辅助乘客在乘梯中保持重心的平衡。

本章共有，扶手装置/扶手带/扶手带系统运行，3大项内容。

一、扶手装置

扶手装置装设在自动扶梯的两侧，是扶手带系统的“龙骨”，支撑起扶手带及其导轨。如图8-1所示，扶手装置的上半部分是扶手带盖板(如果有)、护壁板组成；下半部分是由盖板和裙板组成。

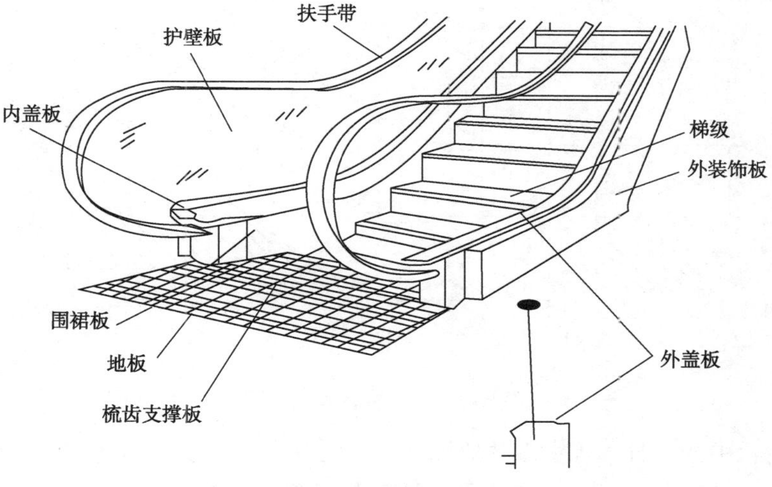

图8-1　扶手装置基本结构

(一) 扶手装置技术性能

扶手装置是扶手带之路的核心部件，为乘客提供保持重心稳定的扶手。

扶手装置朝向梯级、踏板或者胶带一侧的部分应光滑、齐平。其压条或者镶条的装设方向与运行方向不一致时，其凸出高度不应大于3mm。围裙板与护壁板之间的连接处的结构应无产生勾绊的危险。为了更好地发挥扶手的功用，扶手装置还应该符合以下的技术要求。

为了保证乘客搭乘自动扶梯的安全性扶手带的强度也要达到如下的要求。

(1) 承受外力能力。扶手装置应能同时承受静态500N的侧向力和730N的垂直力，这两个力均匀分布在扶手带导向系统顶部同一位置1m的长度上。

(2) 护壁板的刚度。在护壁板表面任何部位，垂直施加一个500N的力作用于$25cm^2$的面积上，护壁板不应出现大于4mm的缝隙和永久性变形。

(3) 围裙板刚度。在围裙板的最不利部位，垂直施加一个1500N的力作用于$25cm^2$的方形或圆形面积上，围裙板的凹陷不应出现大于4mm，且不应由此导致永久性变形。

(二) 扶手装置尺寸的要求

1. 扶手装置的高度

如图8-2所示，扶手带顶面距离梯级前缘或踏板表面或胶带表面之间的垂直距离h_1应大于0.9m但不大于1.10m。扶手装置高度是根据人机结构原理而确定的，与乘客的平均重心相关联。扶手装置的高度会直接影响到自动扶梯的外形轮廓以及乘梯的舒适感，影响到乘人的安全性。

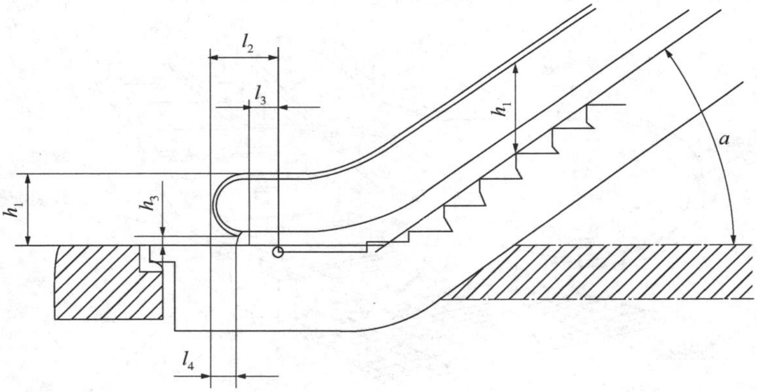

图8-2 扶手装置参数尺寸

目前，中国、日本等大多数亚洲地区的国家使用的标准扶手高度值为900~1000mm；欧美地区的国家，因为平均身高高，扶手高度几乎都是选取了1100mm。

2. 扶手端部的位置

如图8-2所示，扶手转向端(包括扶手带在内)，距离梳齿与踏板相交线的纵深水平距离l_2，不小于0.6m；在出入口，扶手带水平段的延伸长度自梳齿与踏板相交线起l_3，不应小于0.3m。

这两个尺寸要求是为了确保乘客安全地出入自动扶梯与自动人行道。因为在扶手端位置，乘客是要在静止的地板与运动的梯级或踏板两者之间进行过渡，存在着因惯性而产生不平衡导致摔倒的风险。如果上述尺寸参数过小，则难以起到握扶作用，增加不安全因素。

3. 扶手带入口的位置要求

（1）扶手带在扶手转向端入口处的最低点与地板之间的距离 h_3，不应小于 0. 10mm，也不应大于 0. 25mm。

（2）扶手带转向端定点到扶手带入口处之间的水平距离 l_4，不应小于 0. 3m。

（3）如果 l_4 大于 (l_2-l_3+50) mm，则扶手带进入扶手装置时，与水平方向的夹角不应大于 20°。

从上述规定可以看出，在扶手带入口处虽然设置有入口保护装置，但其尺寸要求也很重要。还可以看出，如果 h_3 尺寸过小，则该部位容易产生类似尖角空间，容易夹物；如果 h_3 过大，则容易产生误碰扶手带入口装置的情况，两种情况都会有较大的安全风险。如果扶手带进入扶手装置时与水平夹角过小会存在较大的安全隐患。

4. 围裙板与梯级的间隙

据统计，由围裙板与梯级之间的间隙所引起的乘梯事故比例很高。尤其是在自动扶梯上下拐弯处，由于相邻梯级相对运动，更容易产生挤夹事故，因此围裙板与梯级之间的间隙非常重要。

围裙板设立在梯级两侧，任何一侧的水平间隙不应大于 4mm，在两侧对称位置处测得的间隙和，不应大于 7mm。

（三）扶手装置的颜值担纲

扶手装置犹如自动扶梯的“外貌”，护壁板更是自动扶梯的颜值担当。

除了规定公共交通型必须使用金属护壁板之外，其他的都可以考虑使用装饰功能更强的玻璃护壁板。整台自动扶梯最能起到建筑物内装饰作用的便是扶手装置。扶手装置的型面必须与建筑物内部色彩相协调，必须适应乘客的心理需求。扶手端部延伸到靠近建筑物的地板，所以在考虑人机工程时，扶手装置的结构必须具有紧凑感，以使乘客能平稳地上下自动扶梯。现代自动扶梯的栏杆端部的特点是采用了“手握线”设计。这种“手握线”，如图 8-3 所示，是由扶手胶带水平直线区段与端部椭圆曲线部分所组成，使乘客在自动扶梯入口处更自然地手握扶手胶带。

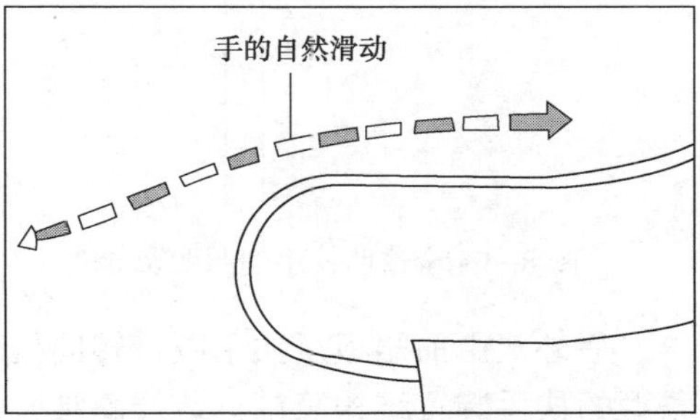

图 8-3　扶手手握线

扶手装置结构分为全透明无支撑式、半透明有支撑式及不透明有支撑式等。根据自动扶梯的使用情况可知，全透明无支撑式的占90%。全透明的支撑可以看作是由玻璃钢构成，为了突出亮度和具有端庄华丽感，支撑应扩大玻璃组成部分。新型栏杆离梯级的垂直高度与普通自动扶梯相比增加了80mm。采用最新研制的小薄型扶手胶带可扩大栏杆的透明部分。这样，乘客可以欣赏到建筑物内开阔的自然华丽景象。

从自动扶梯发展历史来看，自动扶梯的设计已不断从烦琐向简单方向发展。自动扶梯的全透明无支撑扶手栏杆给人们以简洁、明快的感觉，这种设计思想似乎已成为设计自动扶梯的主导思想。图8-4是全透明具有照明设备的自动扶梯栏杆及其导轨结构图。这种结构明亮和谐，是常用的一种。如果去掉全透明栏杆的照明设备，以使自动扶梯扶手外貌进一步简洁明快，即为“苗条型”自动扶梯。苗条型自动扶梯内部结构与普通型自动扶梯相同，不同的是去掉了扶手的照明设备，但恰到好处地得到了美化扶手装潢的效果。

图8-5所示的是苗条型扶手装置及导轨结构。这种结构的扶手胶带不仅有用于导向的导轨，而且简单而又合理。导轨坯料采用高精度的成型加工材料，下有经久耐用的玻璃夹。该玻璃夹系固定导轨用的衬板，玻璃板的固定不是用紧固件将导轨拧紧，而是依靠它的自身的弹性力将玻璃板牢牢地固定。

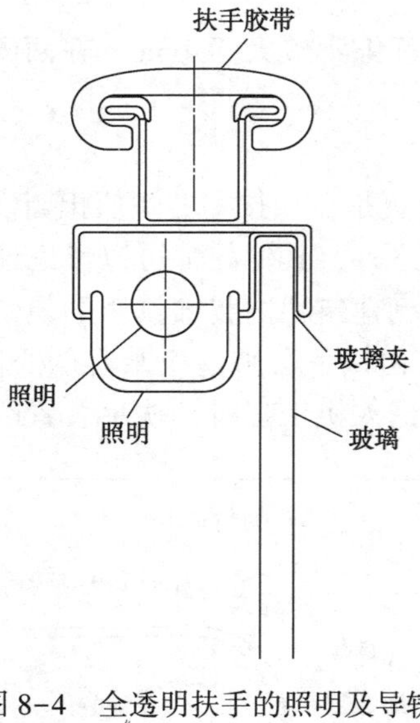

图8-4　全透明扶手的照明及导轨

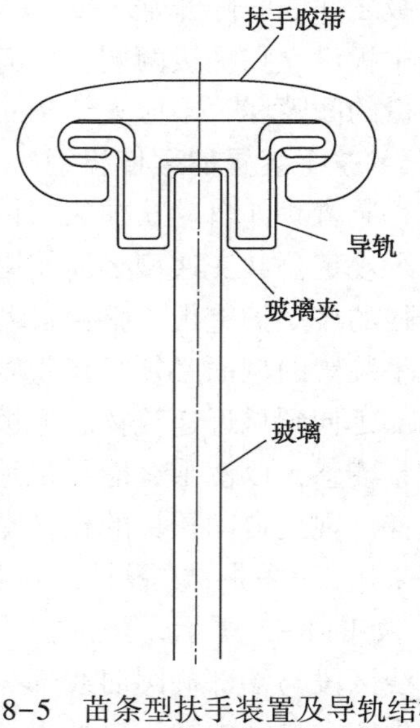

图8-5　苗条型扶手装置及导轨结构

另外，由前裙板至扶手胶带转向处距离为650mm。由于采取了这些措施使苗条型的扶手装置结构简单，装饰高雅，端庄明快。不仅适用于办公大楼，也适用于宾馆。

二、扶手带材质

扶手带宽度：$l=70\sim100$mm，厚度 $\&=10$mm。它是扶手带系统，乃至整个自动扶梯的最主要部件之一。

扶手带是乘客手抓之物，手扶之处，要求自然苛刻。扶手带的运动多是通过驱动轮的摩擦力来实现的，在运动过程中，扶手带与非金属的导向轮、导轨接触，会产生静电，并积聚在扶手带表面上，这时当人的手扶上去就有触电的麻感。扶手带防静电的措施和要求是必须的。该方面的内容将在后面章节详细介绍。

从材质上看，扶手带可分为橡胶扶手带和聚氨酯扶手带。从结构上看，如图 8-6所示，扶手带可分为外覆盖层、内衬垫层、抗拉层和滑动层。

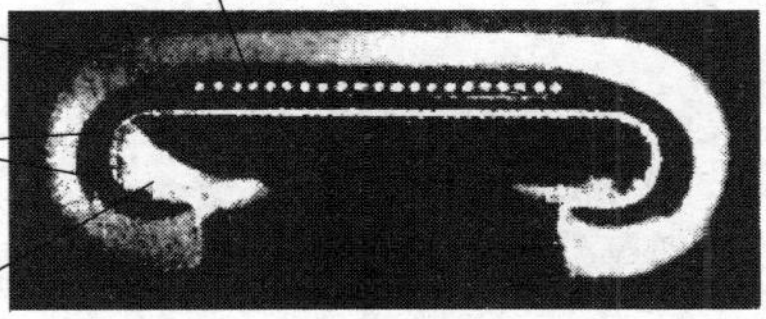

图 8-6　扶手带的结构

(1) 外覆盖层，成为面胶，通常采用黑色的橡胶材料制作，外覆盖层的材料也有采用聚氨酯的，多用于彩色扶手带的生产。

(2) 内衬垫层，称作骨架层，一般是由多层夹布橡胶构成的，起到横向定形作用。

(3) 抗拉层，它是由一排小钢丝绳芯或薄钢带构成，被包裹在中间层中，起到承受拉力的作用。扶手带纵向的抗拉强度是通过它来保证的。

(4) 滑动层，是最内层与扶手带导轨接触的部分。它通常采用棉织物或合成纤维制成。其中，用棉织物如帆布做滑动层时，只能用于室内自动扶梯；以尼龙、涤纶等合成纤维制作的活动层则可用于有耐磨要求的室外自动扶梯。

如图 8-7 所示，扶手带可做成截面形状为 C 形扶手带；如图 8-8 所示，也可以做成截面形状为 V 形扶手带。

无论是哪一种形式，一般都是采用闭环结构形式出厂，无须现场驳接。其外观应平整、光洁、爽滑；正面不能有凹凸不平，气泡缺陷；扶手带内表面和截面开口处不应有橡胶溢出；闭环驳接口无接痕。

扶手带的两个最重要性能指标是：抗拉强度和耐疲劳性能。当然，除了影响各部分材质性能外，还有长度偏差/使用中允许伸缩量/直线度/弯曲半径/唇口宽度/唇口刚度等技术要求。

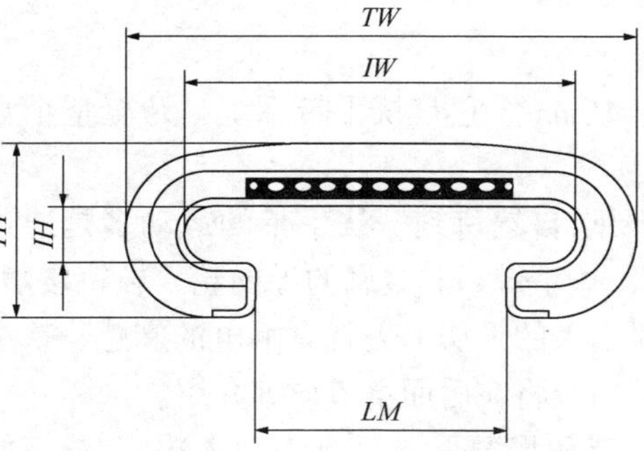

图 8-7 C形扶手带

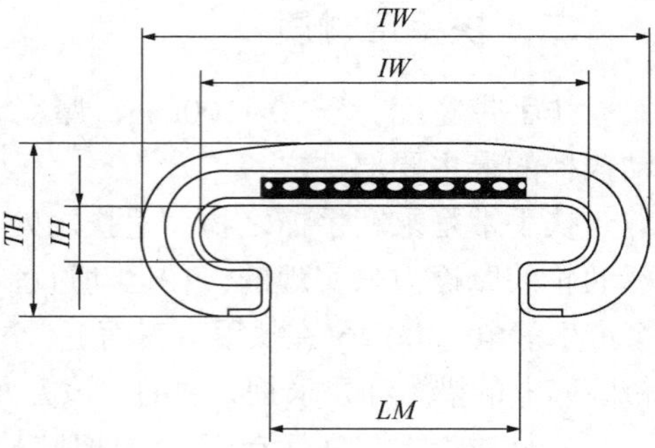

图 8-8 V形扶手带

三、扶手带系统的运行

扶手带系统是用来为乘客提供“活动扶手带”的，它解决了乘坐自动扶梯的安全问题，开辟了自动扶梯发展新天地，是一个巨大的里程碑。因此每一个扶手装置的顶部都应装有运行的扶手带，其运行方向与梯级、踏板或胶带相一致。为了保证能够为乘客提供同步运行的“活动扶手带”，在正常运行条件下，扶手带的运行速度相对于梯级、踏板或胶带的实际运行速度的允差为0~2%。

扶手带系统的运行，包括了系统的驱动、导向、张紧和扶手带的防静电。

（一）系统的驱动

常用的扶手带驱动有以下三种结构型式。

1. 摩擦轮式的驱动装置(适合C形扶手带)

如图8-9所示的是小提升高度自动扶梯的摩擦轮驱动扶手系统，扶手胶带围绕若干组导向滚柱群、进出口的改向滚柱群及特种型式的导轨构成闭合环路的扶手系统线路。扶手与梯路由同一驱动装置驱动，并应保证两者速度基本相同，其差值不能大于2%。这种扶手系统采用手动的张紧装置。其特点是结构紧凑，但张紧行程小，要求扶手胶带延伸率小。

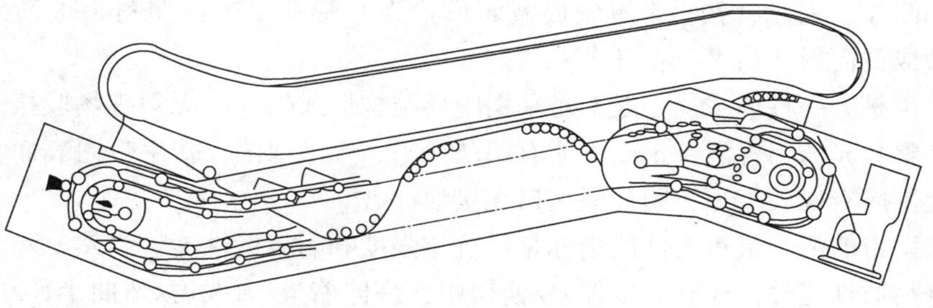

图 8-9 摩擦驱动扶手带系统

图 8-10 是大、中提升高度自动扶梯扶手系统的一种。图中扶手胶带围绕主动滑轮、偏斜滑轮、支承滚柱群以及特种型式的导轨等形成闭合环路，同样由梯路驱动装置获得动力。扶手胶带的张紧则由在下分支增加的中间迂回环路来实现。由于扶手系统在上下出入口处的扶手胶带及扶手滑轮要求位于同一垂直平面内，所以扶手胶带绕过迂回环路后，必须再回到原来的平面之内。为使扶手胶带绕过迂回环路时不与主环路相碰，中间迂回环路的动滑轮应偏斜安置。动滑轮与张紧重锤相连。这种结构的动滑轮与定滑轮间的扶手胶带扭角大，因而扶手胶带磨损较快。

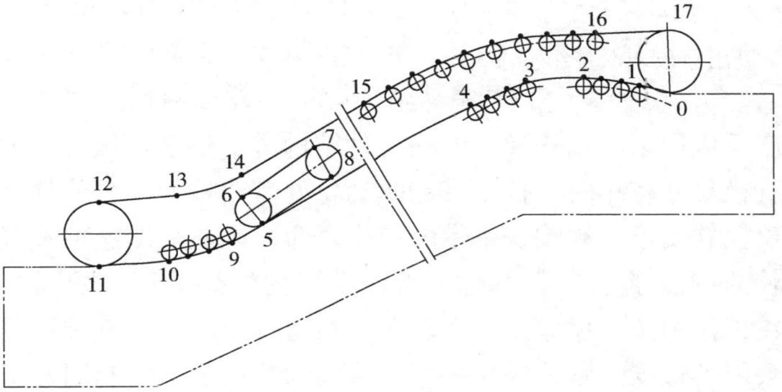

图 8-10　大、中提升高度扶手带系统

由上述两种结构可知：驱动扶手胶带运动是依靠驱动滑轮与扶手胶带间的摩擦力，而要形成足够的摩擦力，必须借助张紧装置使扶手胶带保持一定的张力。当摩擦力不足以驱动而导致扶手胶带打滑时，由于构造上的原因，驱动轮的包角不能再行增加，因而只能再增加压带装置，来加大摩擦力，见图 8-11。

这将使结构变得更为复杂。

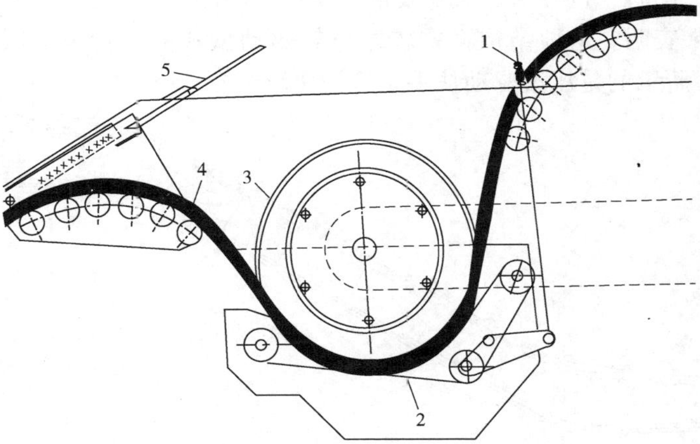

图 8-11　扶手带压带装置

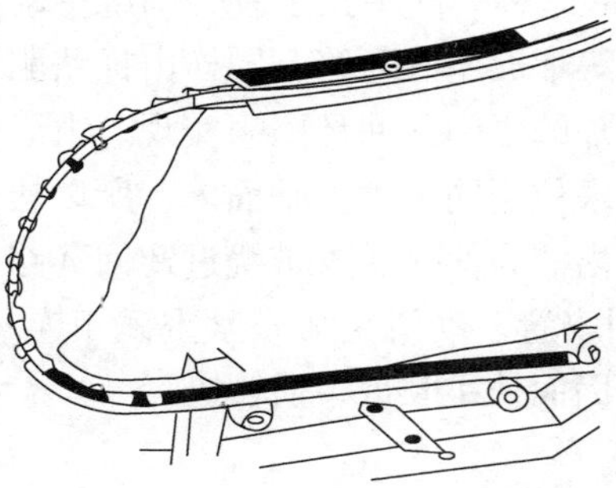

图 8-12　进出口改向滚柱组

上述扶手系统由于扶手胶带要进行多次弯曲和反复弯曲，多次经过导向滑轮、导向滚柱组、进出口改向滚柱组(图 8-12)，增加了扶手胶带的僵性阻力等，而这些阻力又随扶手胶带的张力增大而增大。此外，扶手胶带经过多次弯曲与反复弯曲寿命也受到影响。由上述可知：如何改进扶手系统的结构，以求降低能源消耗和延长扶手段带寿命，是一个重要课题。

摩擦轮式扶手带驱动装置的特点：摩擦轮驱动结构简单，容易调整，能产生较大的摩擦驱动力，被广泛应用于自动扶梯。但是这种结构需要扶手带做较大的弯曲，尤其是当摩擦轮直径尺寸较小时，扶手带在驱动轮处弯曲较大，会使扶手带驳接口容易开裂或唇口变软变形而影响扶手带的使用寿命。因此采用这种装置时对扶手带抗弯性能有较高的要求，一般不适合于钢带结构的扶手带。采用这种结构驱动时，扶手带在工作中正、反弯曲次数较多，在运行中需要一直重视预紧力的合理调整，否则会因为过度张紧造成扶手带发热而缩短扶手带的使用寿命。

2. 压滚式扶手带驱动装置(适合 C 形扶手带)

这种扶手驱动系统由扶手胶带的上下两组压滚组成。上压滚组由自动扶梯的驱动主轴获得动力驱动扶手胶带，下压滚组从动，压紧扶手胶带(见图 8-13)。这种结构的扶手胶带基本上是顺团向弯曲，较少反向弯曲，弯曲次数大大减少，降低了扶手胶带的僵性阻力。由于不是摩擦驱动，扶手胶带不再需要启动时的初张力，只需装一调整装置以调节扶手胶带长度的制造误差，因而，可以大幅度减少运行阻力，同时，也可增加扶手胶带的使用寿命。

测试结果表明：这种结构型式较摩擦轮驱动型式的运行阻力减少约 50%左右。图 8-14 所示的是压滚驱动扶手系统的压滚组。

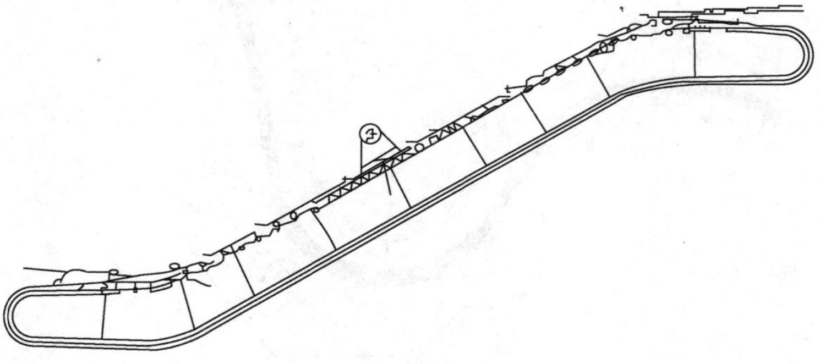

图 8-13　压滚驱动扶手系统

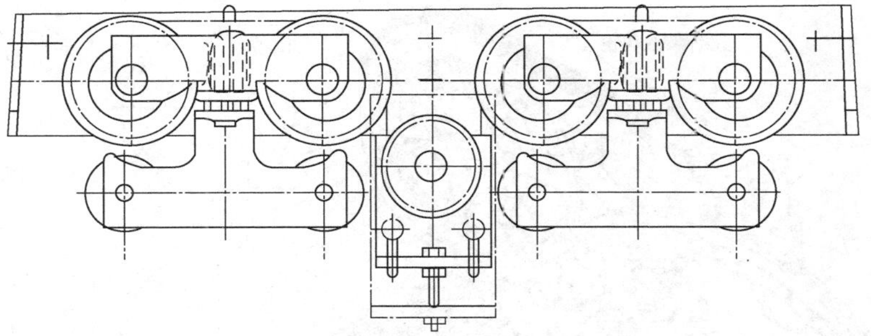

图 8-14　压滚驱动扶手系统的压滚组

一般应用的压滚驱动系统是上压滚固定并传递动力，下压滚活动，用弹簧压紧。另一种结构是将传递动力的上压滚装在活动板上，可垂直滑动；而将起压紧作用的下压滚装在固定板上，使其固定。这种结构的特点是传递动力的上压滚增加了对扶手胶带上的压力，从而增加了驱动功率。

压滚式扶手带驱动装置的特点：采用这种直线压滚式扶手带驱动装置，扶手带不需要预张紧，只需要保证扶手带不脱轨，所以不仅减少了摩擦阻力，还有效减少了弯曲次数，有利于提高扶手带的工作寿命。另外，这种装置可实现模块化设计，对于大提升高度的自动扶梯和长距离的自动人行道可同时采用多套驱动单元进行多级驱动。因此，它适用于各种类型自动扶梯的 V 形扶手带的驱动，在普通型和公共交通型的扶梯上都有应用。但是这种驱动装置的驱动滚轮、扶手带在工作中同时受正压力及切向力，对扶手带的抗压及层间剥离性能要求较高，同时由于扶手带驱动轮数量多，会造成扶手带表面磨损，甚至会因滚轮在扶梯较长时间停止作用某一位置给扶手带造成表面压痕。

3. 端部轮式扶手带驱动装置(适合 V 形扶手带)

端部轮式扶手带驱动装置是采用安装在自动扶梯上端部的带 V 形槽的驱动轮，配合 V 形扶手带(或三角扶手带)，类似于三角带的传动方式。

如图 8-15 所示，端部轮式扶手带驱动装置是由端部驱动轮、张紧弓轮、扶手带、扶手带驱动链张紧轮、扶手带驱动轮组成。端部驱动轮带有 V 形槽，扶手带上的三角带楔入 V 形槽而产生摩擦驱动力，张紧弓轮组是扶手带的张紧和导向部件。端部驱动轮由扶手带驱动链驱动，驱动力来自主驱动轴。扶手带驱动链的张紧可以通过调整两个张紧链轮来实现。

端部轮式扶手带驱动装置的特点：能够产生较大的摩擦驱动力，工作时扶手带在驱动轮槽形内，运行平稳，反向弯曲小，有利于提高工作寿命。可以方便地通过调整张紧弓轮去张紧扶手带，调整扶手带驱动链的张紧情况。但是对于下行的自动扶梯需要特别注意扶手带的张紧情况，使它总是处于张紧状态。如果扶手

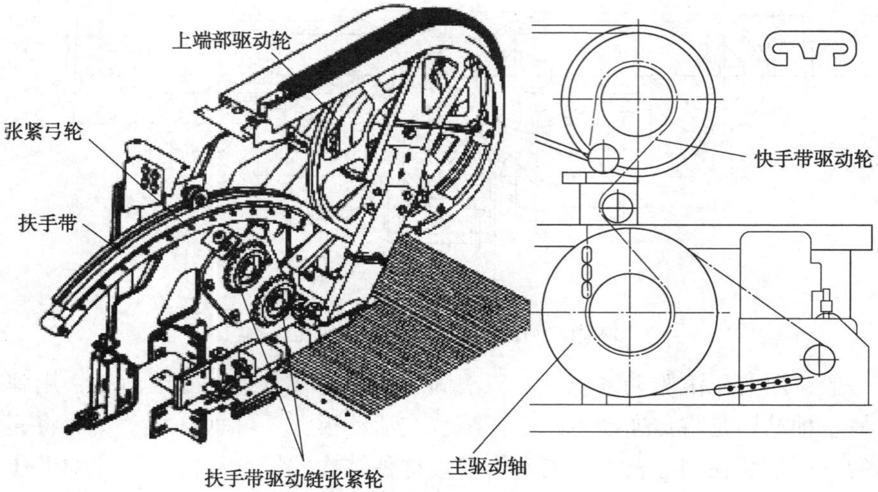

图 8-15　端部驱动式扶手带

带过松，会驱动力不足导致其相对梯级速度偏慢，而不同步。

自动扶梯在空载运行情况下，能源主要消耗于克服梯路系统的运行阻力和扶手系统的运行阻力。扶手带长度少则十几米多则上百米，驱动能耗相当大，其中空载扶手运行阻力占空载总运行阻力的 80%左右。由此可知：减少扶手运行阻力，尤其是空载运行阻力，可以大幅度地降低能源消耗。

(二) 系统的导向

扶手带导向系统由工作段导轨、返回段导向装置和端部转向段导轨三个部分组成。

1. 工作段导轨

如图 8-16 所示，扶手带工作段导轨，是一段比较正规的导轨，它敷设在扶手装置的顶部，连续不间断地为扶手带起导向作用，且要承载来自乘客作用在扶手带上的载荷。

图 8-16　扶手带工作导轨外形图

工作段导轨一般由金属型材制造，常见的有不锈钢型材、碳钢型材和铝合金型材。

如图 8-17 所示，为了避免乘客的手指在紧握扶手带时可能夹在扶手带开口与扶手带或导轨支架的间隙造成意外损失，要求相对运动部件间的间隙不大于 8mm，而且扶手带的唇口要有一定的强度，在长期运行后不发生变形或变形量较小，以保证在使用周期内该间隙均小于 8mm。

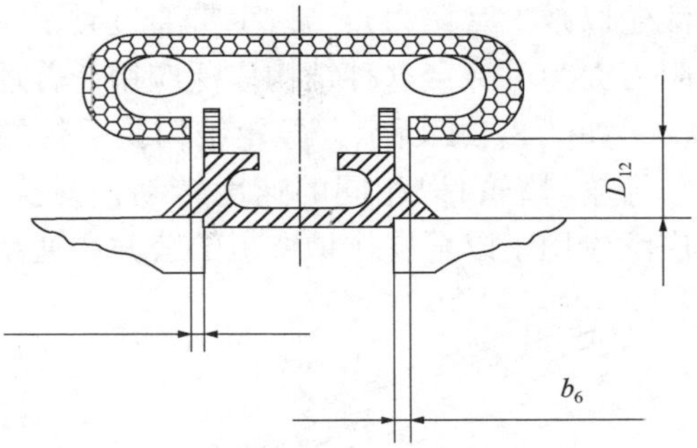

图 8-17　扶手带间隙

2. 返回段导向装置

其实，由于桁架内的空间受限，在扶手带返回段，已经无法为其提供一个充足规整的通道，更无法装设正规化的导轨了。好在，返回段扶手带不再需要承受乘客负载，完全可以采用在桁架内可供扶手带返回的“崎岖”通道上，布设足够数量的，如图 8-18 所示的“带有防偏导轮的托带轮支架”，以及一定数量的，如图 8-19 所示的“压带轮支架”，组成所谓的导向系统，以供扶手带返回使用。

在该系统中，常见的导向方式有导轨型材导向、导块导向和导向轮导向。

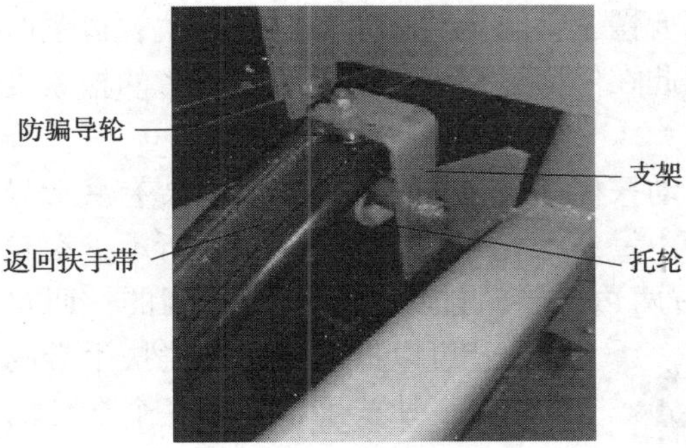

图 8-18　带有防偏导轮的托带轮支架

图 8-19　压带轮支架

3. 端部转向段导轨

端部转向段导轨，由于承受整条扶手带的张紧压力，故扶手带与导轨之间产生较大的摩擦力。为了减少摩擦避免温升，通常端部转向段导轨采用滚轮结构，将扶手带与导轨型材的滑动摩擦变为滚动摩擦，或是采用导轮使扶手带与之不发生摩擦。

如图 8-20 所示，滚轮结构扶手带端部转向导轨，是在转向段的导轨中镶入滚轮以减少摩擦力，当扶手带通过时滚轮转动消除了与导轨之间的滑动摩擦，使阻力大为下降。这种结构广泛应用于普通型的自动扶梯。

如图 8-21 所示，导轮结构扶手带端部转向导轨采用惰轮结构，即：扶手带与导轮(惰轮)以相同的速度转动，使扶手带与导轨之间不产生摩擦。这种结构广泛应用于以金属作护壁板的公共交通型自动扶梯上。

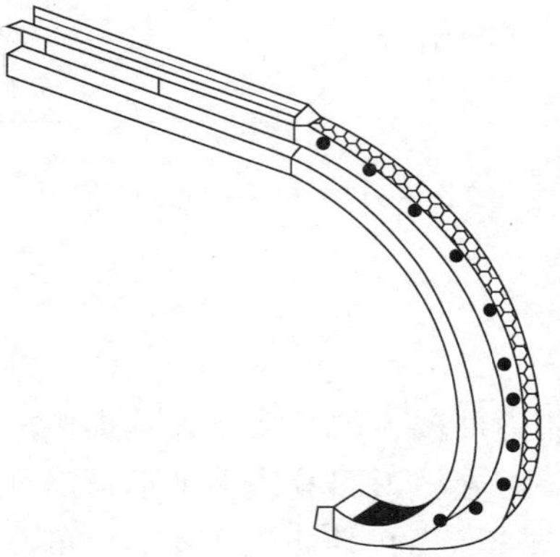

图 8-20　玻璃护栏端部转向段

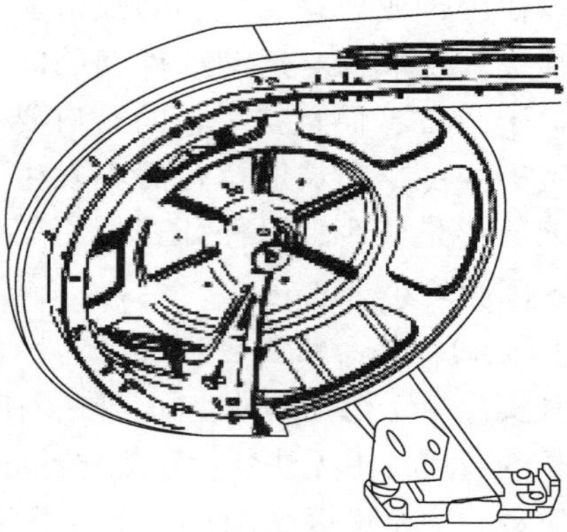

图 8-21　金属护栏端部转向段

(三) 扶手带张紧装置

扶手带的长度在扶梯使用过程中会发生变化，因而使扶手带的张紧度发生变化。扶手带过松会出现打滑、速度变慢，甚至导致扶手带脱离导轨；过紧时扶手带会严重发热，加速疲劳老化。因此在使用过程中，必须对扶手带的松紧度及时地进行调节。

不论采用哪一种驱动方式，自动扶梯都会在扶手带返回段安装有弓形导向排轮的张紧调节装置。弓形导向排轮由一组滚轮组成，如图 8-22 所示，滚轮多用工程塑料制成，分布在摩擦轮左右两边。导向排轮的角度是可调的，调整其角度，就可以抵消或是补偿扶手带的伸长或缩短，使扶手带处于一个最佳的松紧运行状态。

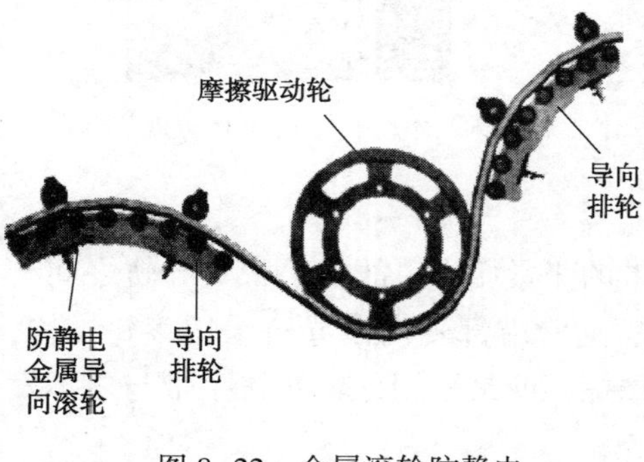

图 8-22　金属滚轮防静电

对于大提升高度的扶梯，由于扶手带总长度较长，受温度和材料老化的影响，长度伸缩量较大，所以可以增加弓形导向排轮的套数，对扶手带长度进行补偿调节。

(四) 扶手带的防静电装置

扶手带的运动是通过驱动轮的摩擦

力来实现的，在运动过程中，扶手带与非金属的导向轮、导轨接触，会产生静电，并积聚在扶手带表面上，这时当人的手扶上去就有触电的麻感。为了去除扶手带上的静电，可以将导向排轮上的一个滚轮设计为金属滚轮，以达到接地去静电的目的。如图 8-22 的导向排轮中有一个防静电金属导向轮，一般采用导电性能好的铜制成。

常见的还有另一种结构的防静电装置，如图 8-23 所示的杠杆式防静电装置。

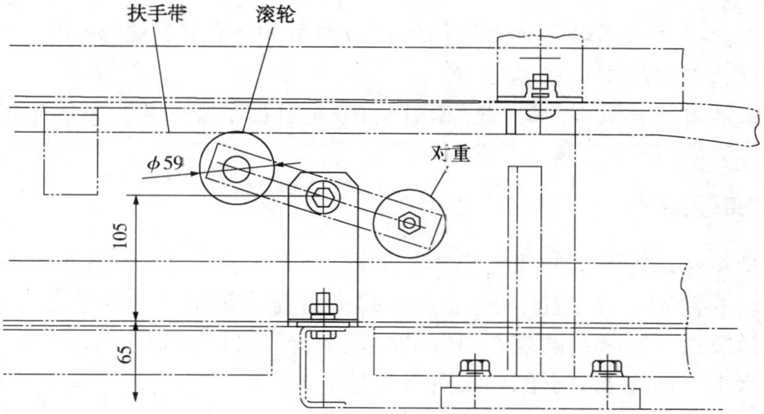

图 8-23　杠杆式防静电装置

第九章 梯　　级

梯级：安装在梯路导轨上的梯级，由牵引构件(牵引链/牵引齿条)牵拉循环运行，在运送中供乘客“立足”。

本章共有：梯级/梯路导轨/牵引构件/牵引链张紧装置，4大项内容。

一、梯级结构

梯级是特殊结构形式的四轮小车，如图9-1所示，有两只主轮，两只辅轮。梯级的主轮的轮轴与牵引链条铰接在一起，而辅轮轴则不与牵引链条连接。这样，全部梯级通过按一定的规律布置的导轨运行，可以做到在自动扶梯上分支的梯级保持水平，而在下分支的梯级可以倒挂返回。

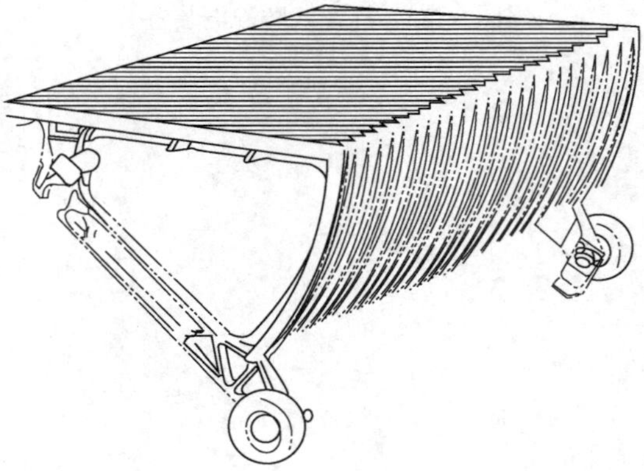

图9-1　整体式梯级

在一台自动扶梯中，梯级是数量最多的部件。一台小提升高度自动扶梯的梯级约需50~100只；大提升高度自动扶梯的梯级多达600~700只。由于梯级数量众多，又是经常运动的部件，因此一台自动扶梯的质量在很大程度上取决于梯级的结构和质量。对梯级的要求是：自重轻；工艺性能好；装拆维修方便。图9-1采用铝合金整体压铸而成的梯级为整体式梯级；图9-2是采用铝合金分零件压铸拼装而成的梯级为分体式梯级。

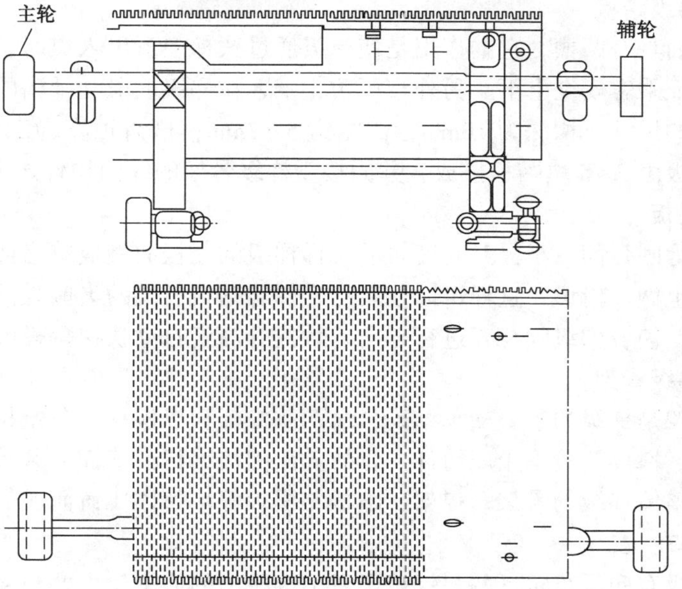

图 9-2 分体式梯级

梯级的几何尺寸包括：

① 梯级宽度 B；

② 梯级深度也就是踏板深度；

③ 主轮与辅轮基距，一般为 310~350mm；

④ 轨距也就是两主轮间距离；

⑤ 两梯级间节距，一般为 400~405mm。

对梯级结构形式影响较大的几何尺寸是主轮辅轮间的基距。一般分为短基距、长基距及中基距三种。短基距梯级制造方便，能减小牵引链轮直径，使自动扶梯结构紧凑。但是基距缩短之后，梯级不够稳定，乘客在梯级边缘上的微小跳动，很容易引起梯级围绕辅轮轮轴转动。采用长基距梯级可以避免这一缺点，它在载荷作用下比较稳定，运转平稳。但是，长基距梯级尺寸较大，自重增大加大了牵引链轮直径，从而使整个自动扶梯结构加大。中基距梯级兼有上述两种梯级的优点，我国生产的自动扶梯多采用中基距梯级。

分体式梯级由踏板、踢板、撑架等部分拼装组合而成，而整体式梯级集三者于一整体，压铸而成。整体梯级加工速度快、精度高、自重轻。梯级装有主轮与辅轮，但是分体式梯级可以进入狭小空间通道而安装。下面对梯级踏板、踢板、梯级撑架及车轮等部分分别进行讨论。

（一）梯级踏板

踏板表面具有凹槽，它的作用是使梯级通过扶梯上下出入口时，能嵌在梳板齿中，以保证乘客安全上下。另外，可防止乘客在梯级上滑动。槽的节距应有较高精度。槽的尺寸：槽深为10mm，槽宽为5~7mm；槽齿顶宽为2.5~5mm。一只梯级的踏板由2~5块踏板拼成，并固接于梯级骨架的纵向构件之上。

（二）踢板

踢板面为圆弧面。小提升高度自动扶梯梯级的踢板面做成有齿的。而在梯级踏板的后端也做成齿形。这样可以使后一个梯级踏板后端的齿嵌入前一个梯级踢板的齿槽内，使各梯级间相互进行导向。大提升高度自动扶梯踢板可做成光面。

（三）梯级骨架

梯级骨架是梯级的主要支承结构，由两侧撑架和以板材或角钢构成的横向连系件所组成。撑架一般采用压铸件。骨架上面固接踏板，下面有装主轮、辅轮心轴的轴套。整体梯级的骨架、撑架、踏板与踢板等均整体压铸而成。

（四）车轮

每只梯级有四只车轮，两只铰接于牵引链条上的为主轮，两只直接装在梯级撑架短轴上的称辅轮。

自动扶梯梯级车轮的特点是：工作转数不高，一般在80~140r/min范围内，但工作载荷大至8000N或更大，外形尺寸受到限制（直径80~180mm）。

决定车轮使用寿命的主要因素是车轮轮圈材料和轴承。轮圈材料可采用橡胶、塑料和压制织物。橡胶轮缘可使梯级运转平稳，减少噪声。一般可以把梯级的运行阻力视作梯级车轮的运行阻力，因此，改进车轮轮圈材料可以降低运行阻力。可以采用复原性好的氨基甲酸乙酯橡胶代替过去常用的丁腈橡胶。

在自动扶梯负载向上运行时，牵引链条张力将急剧地增大，在接近牵引链轮时达最大值。在梯级主轮运行至上曲线段时，主轮所受轮压为两张力之和，达最大值。主轮轮压即按该值计算。

二、梯级导轨

梯级导轨系统由工作导轨、返回导轨和端部转向导轨（转向壁）三个部分组成。

（一）工作导轨

自动扶梯工作导轨主要功能是承载梯级自身重量和乘客重量，引导梯级按设定的轨迹运行。如图9-3所示，工作导轨在驱动端和转向端的中间段。工作导轨除了满足各项尺寸精度和强度要求之外，还应该具有光滑、平整、耐磨的工作表面，拼接接口也应平整，其设计、制造质量的好坏影响乘坐扶梯的舒适感。

图 9-3　中部导轨

图 9-4 是梯级中部与端部导轨过渡照片。

图 9-4　中部与端部导轨过渡

图 9-5 的上部分是工作导轨在倾斜段位置的截面结构，下半部分是返回导轨的位置截面结构。它直观地图示了工作导轨和返回导轨的空间相对位置。

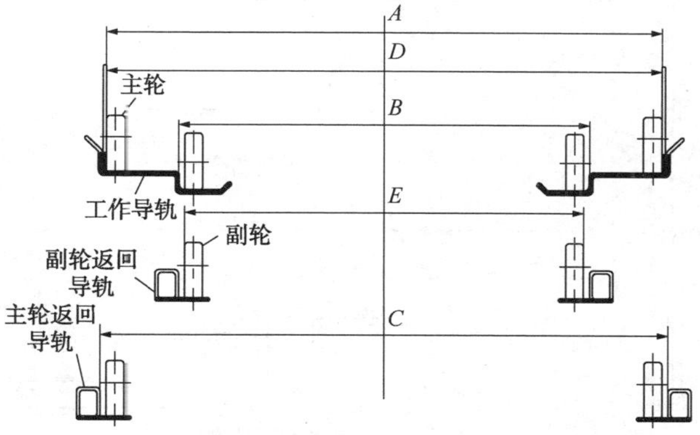

图 9-5　导轨在倾斜段位置的截面结构

工作导轨的制作型材有：角钢型材、板材折弯型材、板材滚轧型材。主副轮工作导轨常见的型材结构见表 9-1。

表 9-1　工作导轨型材结构

导轨	截面结构
主轮工作导轨	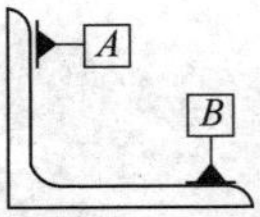 角钢型材导轨
	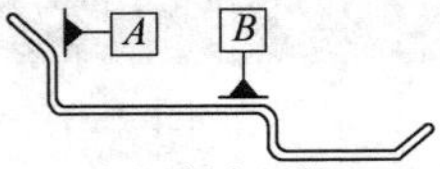 板材折弯导轨
	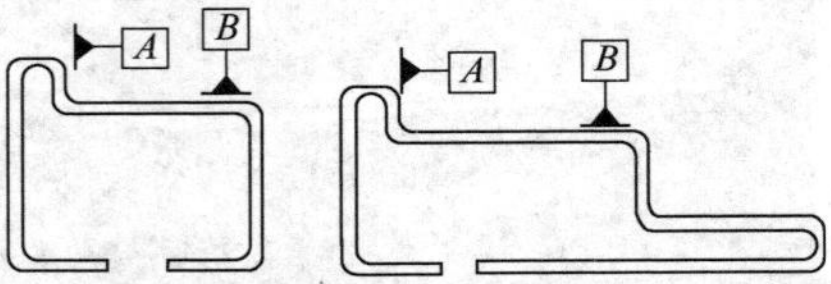 板材滚轧成型导轨
副轮工作导轨	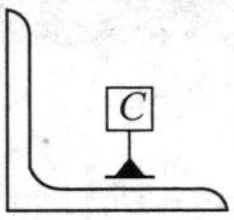 角钢型材导轨
	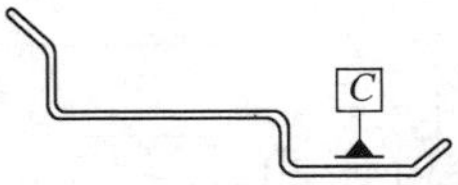 板材折弯导轨
	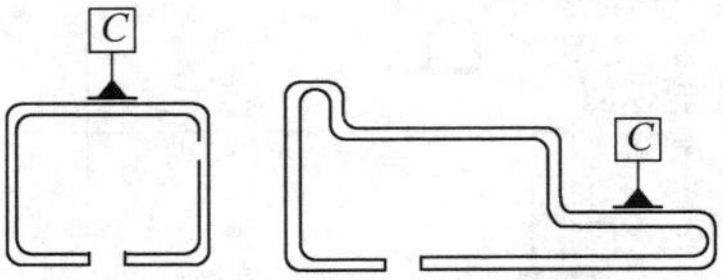 板材滚轧成型异物

角钢型材的特点是，成本低、加工简单、通用性好，但是其安装定位性能不是很好。

板材折弯导轨的特点是，投资少、易操作，但是折弯成型导轨不能太长，一般不超过 3m，相对于角钢型材导轨偏贵。

板材滚轧成型导轨的特点是，能加工出截面复杂的导轨型材，但是加工设备贵、模具开模贵，通用性差。

板材滚轧成型导轨因其通用性好成为目前自动扶梯型材的主流。

（二）返回导轨

返回导轨其主要功用是顺畅引导空载的梯级返回至工作区段，保证梯级在回程过程中不与其他扶梯部件发生碰撞，其技术要求没有工作导轨严格。

返回导轨常见的型材结构见表 9-2。

表 9-2　返回导轨型材结构

<table>
<tr><th>导轨</th><th>截面结构</th></tr>
<tr><td rowspan="2">主轮返回导轨</td><td>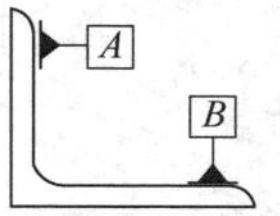

角钢型材导轨</td></tr>
<tr><td>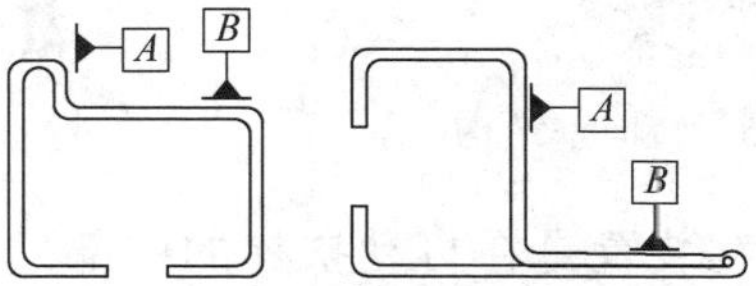

钣金冷拉成型导轨</td></tr>
<tr><td rowspan="2">副轮返回导轨</td><td>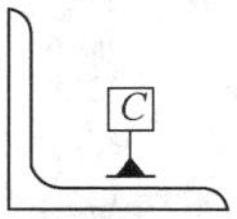

角钢型材导轨</td></tr>
<tr><td>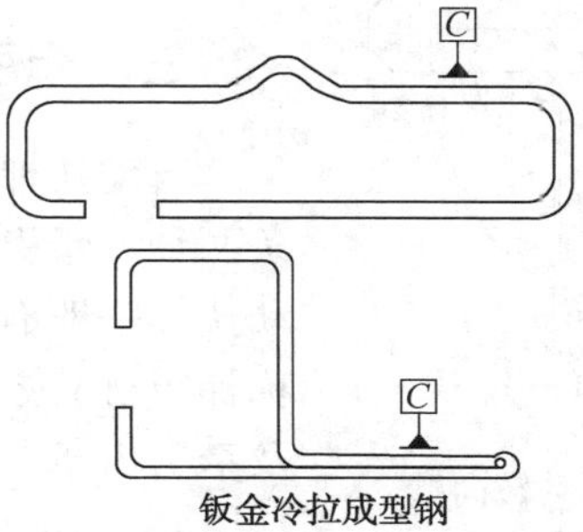

钣金冷拉成型钢</td></tr>
</table>

(三) 端部转向导轨

转向壁是转向导轨的结构形式。

当牵引链条通过驱动端牵引链轮和张紧端张紧链轮转向时，梯级主轮已不需导轨及反轨了，该处将是导轨及反轨的终端。该导轨的终端不允许超过链轮的中心线，同时，应制成喇叭口。但是辅轮经过驱动端与张紧端时仍然需要转向导轨。这种辅轮终端转向导轨做成整体式的，即为转向壁，如图 9-6 所示。转向壁将与上分支辅轮导轨和下分支辅轮导轨相连接。

在端部驱动梯级链结构中，转向壁都安装在梯级转向端的张紧装置上，见图 9-7。

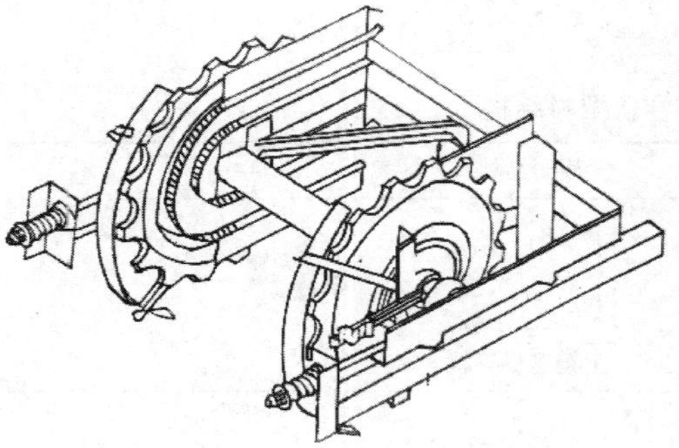

图 9-6　转向壁结构

图 9-7　转向壁的实物照

由于中间驱动装置是在自动扶梯的中部，因而在驱动端和张紧端都没有链轮。梯级主轮行至上、下两个端部时，也需要经过如辅轮转向壁一样的转向导轨。这两个转向轨道通常各由两段约为四分之一弧段长的导轨组成，其中下部一段需要略可游动，以补偿由于长 400mm 的牵引齿条，从一分支转入另一分支时在圆周上所产生的误差。中间驱动转向壁如图 9-8 所示。

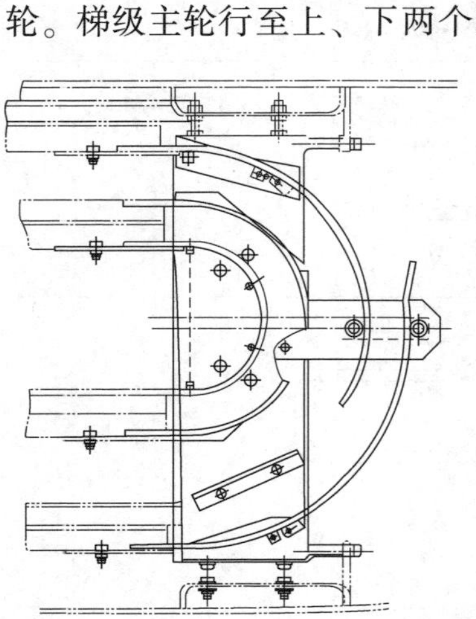

图 9-8　中间驱动转向壁

三、牵引构件

自动扶梯所用牵引构件有牵引链条与牵引齿条两种。牵引构件是传递牵引力的构件。一台自动扶梯一般有两根构成闭合环路的牵引链条(或称梯级链)或牵引齿条。下面分别讨论牵引链条及牵引齿条。

(一) 牵引链条

端部驱动装置所用的牵引链条一般为套筒滚子链，它由链片、小轴和套筒等组成。按连接方法牵引链条分为可拆式和不可拆式两种。可拆式的就是在任何环节都可分拆而无损于链条及其零件的完整性。不可拆的是仅在一定数目的环节处，也就是在一定的分段长度处可以拆装。这种可拆装的部件是专门供安装或检修用的。在我国自动扶梯制造业中，一般都采用第二种，因为这种结构具有较高的可靠性和安装方便。目前所采用的牵引链条分段长度一般为1.6m。为了减少左右两根牵引链条在运转中发生偏差而引起梯级的偏斜，对梯级两侧同一区段的两根牵引链条的长度公差应该进行选配，以使同一区段两根牵引链条的长度累积误差尽量接近。牵引链条出厂时应标明选配的长度公差。

牵引链条是自动扶梯主要的传递动力构件，其质量直接影响自动扶梯的运行平稳和噪声高低。图9-9所示的是常用牵引链条的结构。梯级主轮可置于牵引链条的内侧[图9-9(a)]或外侧；也可置于牵引链条的两个链片之间[图9-9(b)]。梯级主轮置于牵引链轮内、外侧的牵引链条的结构，可用较大的主轮，例如直径为100mm或更大，能承受较大的轮压。可以使用大尺寸的链片。链片要进行调质处理，用于交通运输型的自动扶梯。置于牵引链条两个链片之间的主轮既是梯级的承载件，又是与牵引链轮相啮合件，因而主轮直径受到限制。图9-9(b)所示的结构直径为70mm。主轮外圈由耐磨塑料浇铸而成，内装高质量的滚珠轴承。这种特殊的主轮外圈既可满足轮压的要求，又可降低噪声，适用于提升高度较低的普通型自动扶梯。

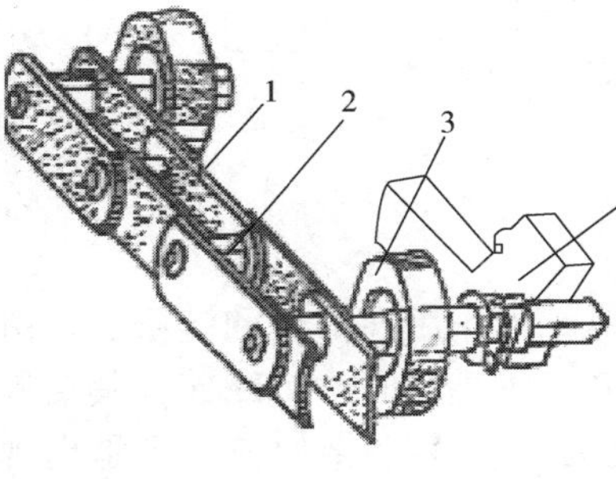

(a)

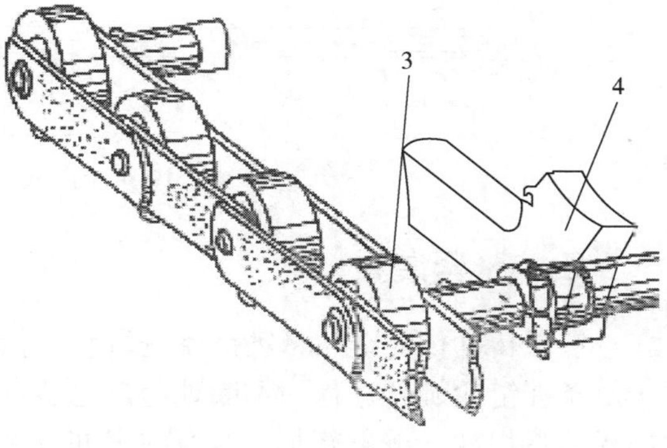

(b)

图9-9 牵引链条的结构

节距是牵引链条的主要参数。节距愈小，工作愈平稳，但是关节愈多，自重愈大，价格愈高，而且关节处的摩擦力愈大。反之，节距愈大，自重愈轻，价格愈便宜。但为了保证工作平稳，链轮直径也要增大，这就加大了驱动装置和张紧装置的外形尺寸，一般自动扶梯两梯级间的节距采用 400～406.4mm。牵引链条节距有：67.7mm、100mm、101.6mm、135mm、200mm。大提升高度自动扶梯采用大扶梯节距牵引链条，例如提升高度 60m 的自动扶梯采用 200mm 节距的牵引链条；小提升高度自动扶梯采用小节距牵引链条，例如 4m 自动扶梯则可采用 67.7mm 节距。

（二）牵引齿条

中间驱动装置所使用的牵引构件是牵引齿条，它的一侧有齿，如图 9-10 所示。两梯级间用一节牵引齿条连接。因此牵引齿条的节距应为 400mm。中间驱动装置机组上的传动链条的销轴即与牵引齿条的牙齿相啮合以传递动力。

牵引齿条的另一种结构形式是：齿条两侧都制成齿形，一侧为大齿，另一侧为小齿。牵引齿条的大齿用途如前所述，小齿是用以驱动扶手胶带的。

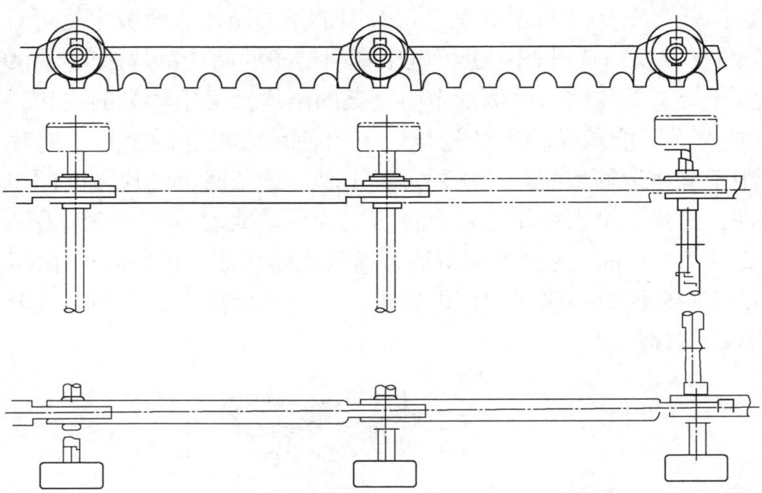

图 9-10　牵引齿条

四、张紧装置

链条传动依靠链轮带动链条进行动力传递。驱动力作用在链轮和链条上。由于链条在链轮旋转过程中不断地与链轮啮合和脱开，于是其间产生摩擦，其结果出现能量损耗，链条磨损，致使链轮的齿距增加 Δt，链条也将伸长。于是出现链条不在理想的节圆直径上，而在比节圆直径大的直径上进行运动。这样就会出现链条在链轮上“爬高”的现象。在极端情况下，传动链条在链轮的顶圆直径上运动，链条会在轮齿上跳跃。

（一）张紧装置的作用

（1）使自动扶梯的牵引链条获得必要的初张力，以保证自动扶梯正常运转；

(2) 补偿牵引链条在运转过程中的伸长;

(3) 牵引链条及梯级由一个分支过渡到另一分支的改向功能;

(4) 梯路导向所必需的部件，如转向壁等均装在张紧装置上。

(二) 张紧装置的结构

梯级链张紧装置是一个可移动的装置，它在压缩弹簧作用下给梯级链一个预张力，使其处于被张紧状态。张紧装置都安装有梯级的回转导轨装置，使梯级在这个位置上产生回传运动。

梯级链张紧装置可分为滚动式和滑动式式两种。

1. 滚动式张紧装置

滚动式张紧装置又称链轮式张紧装置，由张紧轴、张紧架、支撑架轴架和压缩弹簧组成。如图 9-11 所示。张紧架中两侧的链轮与梯级链啮合，通过轴承座安装在张紧架上；张紧架与支撑架之间安装有滚轮，整个张紧架可以在支撑架上前后移动。涨紧架的双侧尾部都安装有一个压力弹簧，通过弹簧的压缩量，可以调节下张紧装置对梯级链的张紧力。在支撑架的尾部还安装有两个安全开关，当梯级链过度伸长、不正常收缩或者断裂，使张紧架的移动距离超过 20mm 时，安全开关就会动作，使扶梯停止运行。

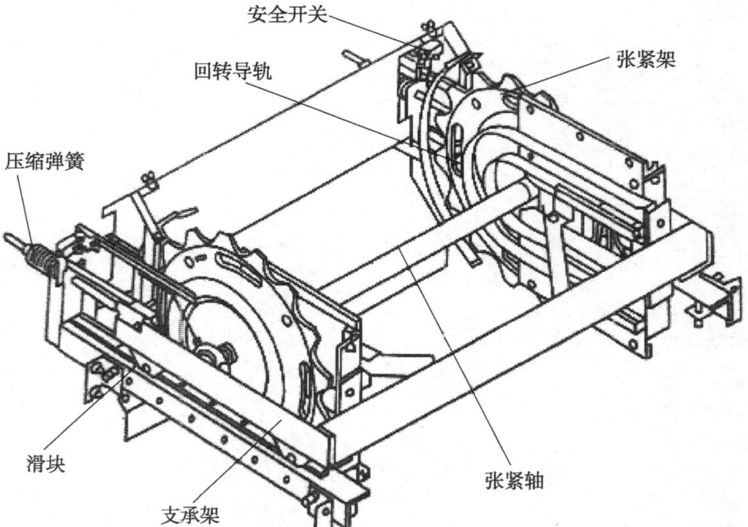

图 9-11　滚动式张紧装置

2. 滑动式涨紧装置

图 9-12 是滑动式张紧结构示意图。其特点是没有链轮，通过安装在滑动架上的回转导轨的移动，以间接地对梯级链进行张紧。滑动架的尾部同样安装有压

缩弹簧和安全开关，其功能与滚动式张紧装置相同。这种张紧装置结构简单、造价较低，在普通型扶梯中得到了广泛的应用。

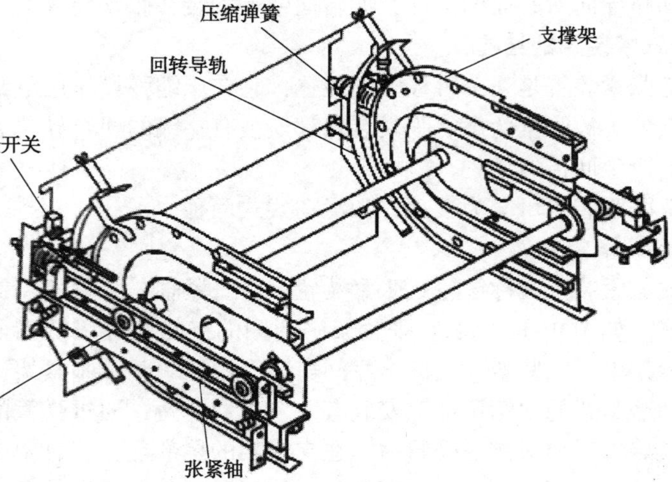

图 9-12　滑动式张紧装置

第十章　动力传动组

如图 10-1 所示为驱动主机组，通过某种传动机构把动力传递给主驱动轴，并由其驱动梯级和扶手带运行。

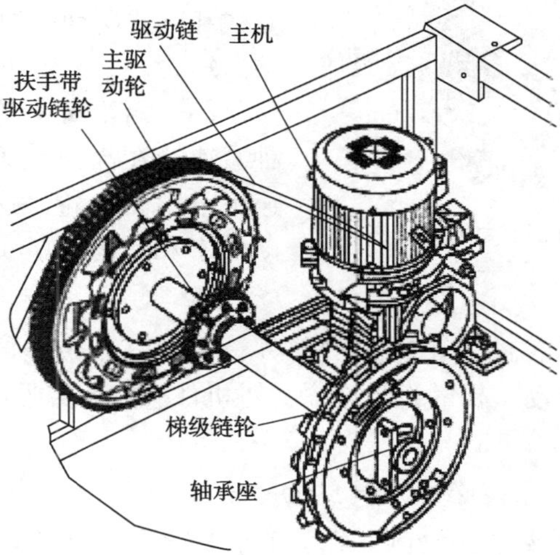

图 10-1　驱动主机组

本章共有：驱动主机组/传动机构/驱动主轴，3 大项内容。

一、驱动主机组

（一）驱动主机组的组成

驱动主机组是自动扶梯的动力源，由电动机、减速器、制动器三部分组成。

1. 电动机

电动机为适配自动扶梯工作制和适配极数的三相异步电动机。

2. 减速器

自动扶梯常用的减速箱有蜗轮蜗杆传动、齿轮传动及蜗轮蜗杆+斜齿轮三种形式。

（1）**蜗轮蜗杆传动减速箱**。具有梯级小、传动平稳、噪声低的优点，但其传

图 10-2　为立式减速箱

动效率低，能耗大。自动扶梯采用蜗轮蜗杆减速箱一般是单级传动，采用 1~2 头蜗杆，传动效率为 50%~80%。一般用在普通型扶梯上。

（2）**齿轮传动减速箱。**自动扶梯上所采用的齿轮传动减速箱，一般采用两级传动结构，具有 94%左右的传动效率，多用于对传动效率要求较高的公共交通型和重载型扶梯上。它在结构形式上有立式和卧式两种。如图 10-2 所示为立式减速箱。

（3）**蜗轮蜗杆+斜齿传动减速箱。**这种减速箱在高速级采用蜗轮蜗杆，在低速级采用斜齿轮，这种形式的减速箱传动效率和运行噪声均介于前两者之间。这种减速箱多用于公共交通型自动扶梯。

减速箱是自动扶梯的一个重要的部件，必须具备足够的强度，防止发生断裂，同时还必须按自动扶梯的设计寿命，对机件进行疲劳强度设计。减速箱的技术参数如下。

① 输出转矩：静载荷必须大于 5000N/m^2。

② 机件的安全系数：传动副、轴、轴承及紧固件的安全系数都必须大于 5。

③ 工作寿命：一般普通扶梯在每天 12h 的情况下，以不小于 70000h 的工作寿命设计；公共交通型扶梯以不小于 140000 的工作寿命设计。

④ 传动效率：减速箱的传动效率决定了主机的能耗高低。传统的阿基米德齿形蜗轮蜗杆减速箱传动效率一般在 70%左右，由于其造价低、体积小，广泛应用在普通扶梯上。近几年随着设计以及制造工艺的改进，蜗轮蜗杆减速箱的效率可达 80%~85%。全齿轮传动减速箱的效率在 92%以上，但由于其结构复杂、造价较高，一般只应用在公共交通型扶梯上。

3. 制动器

制动器是依靠构成摩擦副的两者间的摩擦来使机构进行制动的一个重要部件。摩擦副的一方与机构的固定机架相连，另一方与机构的转动件相连。当机构启动时，使摩擦面的两方脱开，机构进行运转；而当机构需要制动时，使摩擦面的两方接触并压紧，此时，摩擦面间产生足够大的摩擦力矩，动能消耗，使机构减速，直到停止运动。

自动扶梯所采用的制动器包括：工作制动器、附加制动器。

（1）工作制动器一般装在电动机高速轴上，它应能使自动扶梯或自动人行道在停止运行过程中，以一个几乎是匀减速度使其停止运转，并能保持停住状态。工作制动器在动作过程中应无故意的延迟现象。工作制动器都采用常闭式的。所谓常闭式制动器是机构不工作期间是闭合的，也就是处于制动状态。而在机构工作时，通过持续通电由释放器将制动器释放（或称打开、松闸），使之运转。在制动器电路断开后，工作制动器立即制动。制动器的制动力必须由有导向的压缩弹簧或重锤来产生。工作制动器的释放器应不能自激。这种制动器也称为机-电一体式制动器。自动扶梯的工作制动器常使用块式制动器、带式制动器或盘式制动器等。

① 块式制动器（图 10-3）。块式制动器的制动力是径向的，所用制动的块是成对的，因而制动块压力相互平衡，制动轮轴不受弯曲载荷。块式制动器的组成部分是制动轮、制动瓦块及铆接于其上的高摩擦系数的衬垫、制动臂和电磁铁释放器等。在制动器闭合即不工作时，弹簧或重锤通过杠杆系统使瓦块紧压制动轮，使制动轮停止运转。当制动轮需要运转时，电磁铁得电则使制动臂松开。这种制动器构造简单，制造与安装都很方便，因此，在自动扶梯中获得广泛应用。

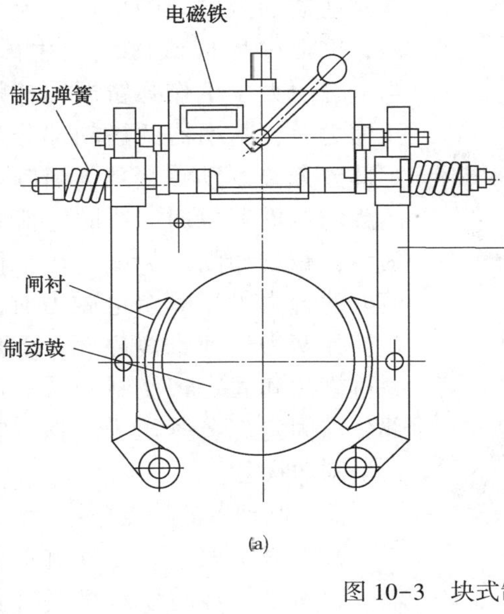

(a)

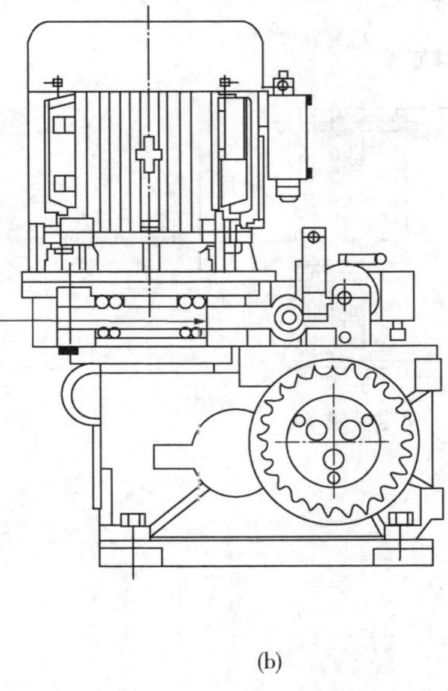
(b)

图 10-3　块式制动器

② 带式制动器（图 10-4）。带式制动器的制动摩擦力是依靠制动杆及张紧的钢带作用在制动轮上的压力而产生的。在钢带上铆接着制动补垫以增加摩擦力。带式制动器构造简单、紧凑、包角大。两个方向运转所产生的制动力矩不相等。

与块式制动器相比，带式制动器径向作用的制动力对制动轮轴有较大的弯曲载荷。带式制动器是自动扶梯中常用的一种制动器。

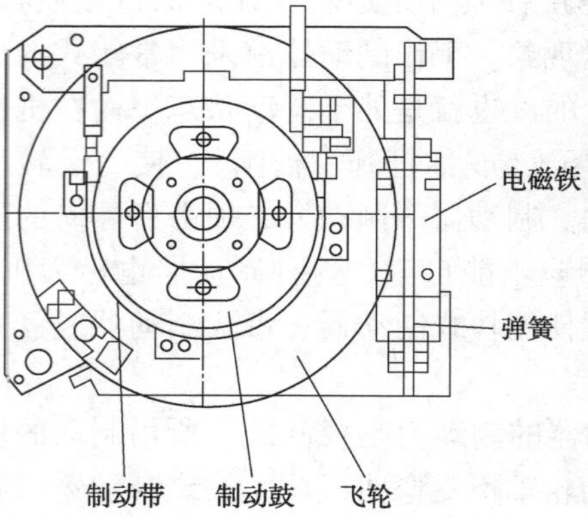

(a)

(b)

图 10-4　带式制动器

③ 盘式制动器。这种制动器的制动力是轴向的，并且成对比相互平衡（见图 10-5），其摩擦力对动轴所产生的制动力矩的大小可按制动块对数多少而定。在制动器的激磁线圈接通直流电源后，磁轭中环形激磁线产生磁场。当电磁力大于工作弹簧即回柱螺旋压缩力时，制动器的运动部分与固定部分分离制动器释放。当制动器的激磁线圈断电时，线圈电流衰减为零，磁场亦随之衰减，在工作弹簧力的合力大于剩余电磁力时，衔铁被弹簧力迅速推离磁轭，于是压紧衬垫片和固定板使制动器的运动部分与固定部分紧压为一体，制动器呈制动状态。

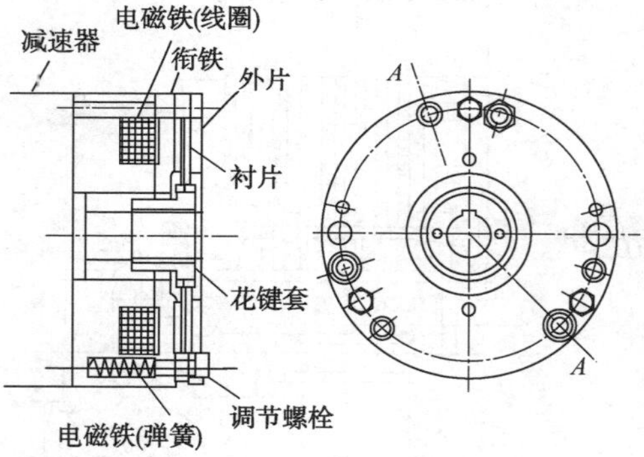

(a)

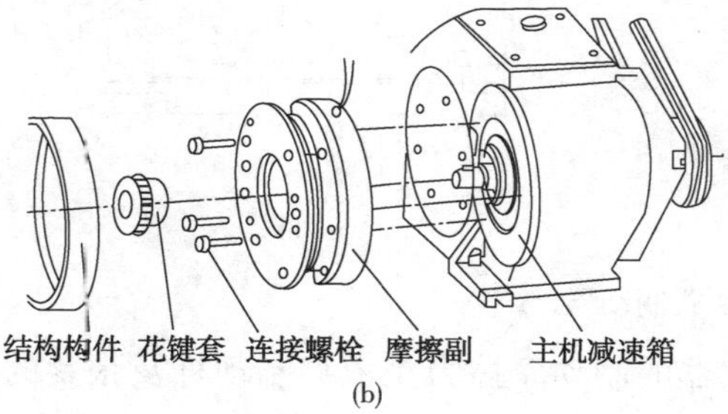

(b)

图 10-5　盘式制动器

盘式制动器的特点是：

A. 结构紧凑，与块式制动器比较，制动轮的转动惯量相同时制动力矩大；

B. 制动平稳，盘式制动器制动动作为平面压合，易于跑合；

C. 制动灵敏，散热性能好。

因此，盘式制动器在自动扶梯中有广泛的应用前景。

（2）附加制动器。凡是驱动机组与牵引链轮之间的传动不是由轴、齿轮等来完成，也就是不是使用啮合传动来完成时，从安全角度考虑，自动扶梯在紧急状态下的制动作用在驱动主轴上是必要的，也就是说附加制动器应该装在驱动主轴上。

（二）驱动主机组的种类

驱动主机组是自动扶梯的核心部件，从结构形式上可分为立式主机组和卧式主机组。

1. 立式主机组

立式主机组的特点是电动机和减速箱呈立式，占据空间小。图 10-6 所示是常见的一种立式主机，采用齿轮减速的多用于公交型扶梯上。

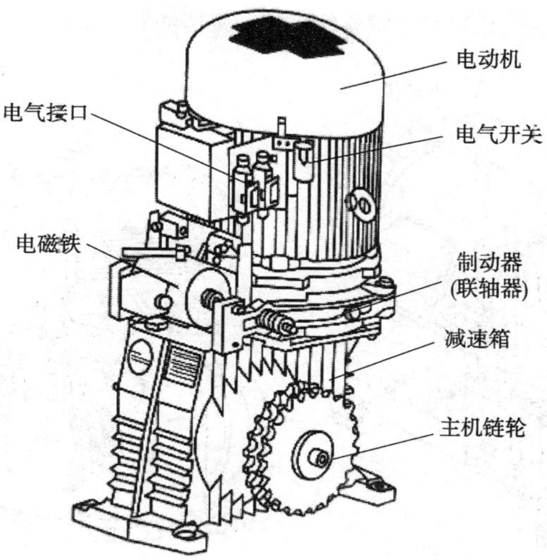

图 10-6 齿轮减速立式主机

图 10-7 是一种采用蜗轮蜗杆传动减速的立式主机，多用在普通型的自动扶梯上。早期也用在公共交通型的自动扶梯上。

2. 卧式主机组

卧式主机组的特点是电动机减速箱呈卧式，具有传动平稳的特点，但是占有空间相对较大。

图 10-8(a)所示的主机常用于重载公交型自动扶梯上，减速箱是齿轮结构，与电动机之间采用联轴器传动。图 10-8(b)所示的主机常用于普通型扶梯上，其结构相对简单，减速箱采用的是蜗轮蜗杆结构，与电动机之间采用三角皮带传动。

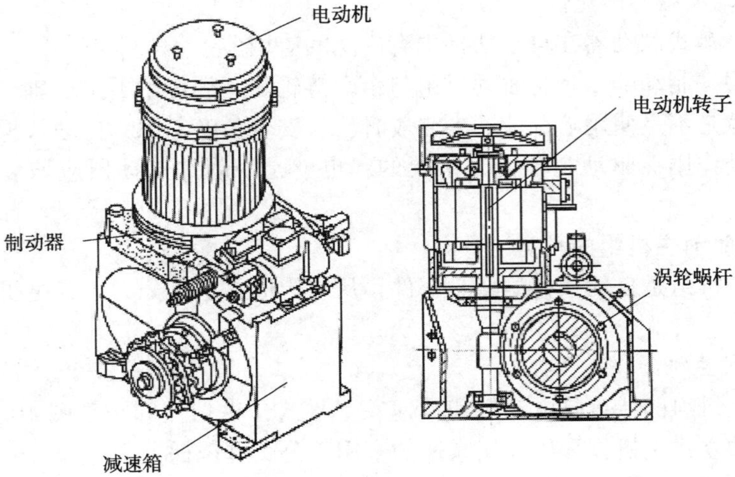

图 10-7　蜗轮蜗杆传动减速的立式主机

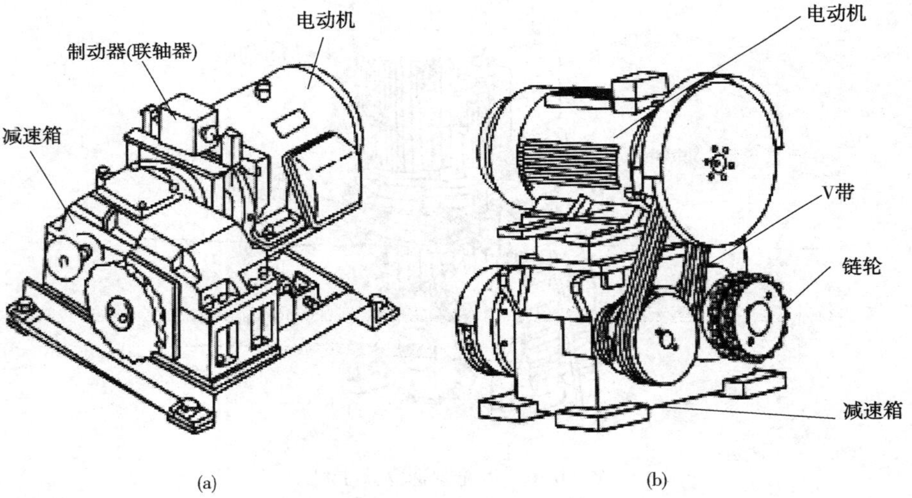

图 10-8　卧式主机

＊皮带传动的缺陷是存在一个打滑问题。皮带传动效果与作用在皮带轮上的摩擦力、皮带的张力、皮带的强度及摩擦系数等有关。温度、湿度会影响皮带的张力，灰尘、油污、潮湿也会影响摩擦系数。在承受载荷的情况下，原有皮带张力将随之增加，可能导致皮带在皮带轮上的滑动，并因而造成皮带的损坏。

二、传动机构

驱动机组与驱动主轴之间有滚子链传动和齿轮传动，最常见的是如图 10-9

所示的滚子链传动。这种传动方式具有结构简单，易于维修调整的优点，是自动扶梯传统的传动方式。有的大提升高度重载型扶梯以减速箱代替滚子链传动，以排除传动链断裂风险。

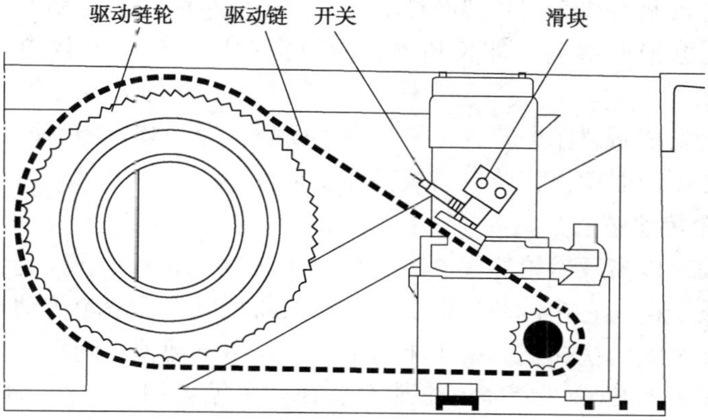

图 10-9　滚子链传动

（一）滚子链传动

根据 GB/T 1243—2006，链条可分为单排链、双排链和三排链。

1. 附加制动器的设置条件

GB 16899—2011《自动扶梯和自动人行道的制造与安装安全规范》，完整地给出了附加制动器的设置条件：

在下列任何一种情况下，自动扶梯和倾斜式自动人行道应设置一只或多只附加制动器，该制动器直接作用于梯级、踏板或胶带驱动系统的非摩擦元件上（单根链条不能认为是一个非摩擦元件）。

（1）工作制动器和梯级、踏板或胶带驱动轮之间不是用轴、齿轮、**多排链条**、两根或两根以上的单根链条连接的（**没有可靠连接，可能造成制动器失效**）。

那么，广泛采用的双排链是不是应该加上附加制动器呢？

（2）工作制动器不是符合 5. 4. 2. 12 规定的机电制动器（**结构型式有缺陷，可能造成制动器失效**）。

（3）起升高度超过 6m（**势能太大，可能造成制动器失效**）。

附加制动器应能使具有制动载荷的自动扶梯或自动人行道有效地减速停止，并使其保持静止状态。

（4）公共交通型（**使用强度过大，可能造成制动器失效**），双排链允许使用，但是须加装附加制动器。

2. 滚子链的失效监控

链条在使用中会渐渐伸长，主要是因为销轴与轴套磨损而引起。过度磨损会造成强度不足，导致与链轮失配。一般链条允许伸长不超过 2%。需要检修人员定期测量，及时更换，防止断裂。

3. 滚子链的突然断裂

一般有链板断裂和销轴断裂两种形式。其中链板断裂多是制造原因，销轴断裂的原因多是磨损严重链条伸长超出许用范围，导致链条承载能力不足而引起断裂。

在链条上安装断裂保护装置，一旦发生断裂，保护装置能立即使安装在驱动主轴上的附加制动器动作，使自动扶梯停止运行。

(二)齿轮传动

齿轮传动是以多级齿轮替代了滚子链。如图 10-10 所示，齿轮传动就是以多级齿轮替代滚子链，它在传动过程中没有链条断裂风险。齿轮传动被使用在提升高度大、客流量大的扶梯上。由于驱动主机组与主驱动轴之间有一定的距离，因此结构上需要中间齿轮，全部齿轮都安装在一个箱体内，并在箱体内加入了润滑油。

图 10-10　齿轮传动

三、主驱动轴

驱动机组经过传动机构把动力传递给了外部的“主驱动轴”，主驱动轴上的一个驱动链轮，便可以驱动梯级链，因此扮演了梯级驱动装置；另外，主驱动轴再通过一个链条传递带动了扶手带驱动轮，又间接地充当了扶手带系统的驱动装置。主驱动轴也称驱动主轴，它就是通常所说的驱动装置。

(一) 驱动主轴的构成

如图 10-11 所示的主驱动轴及其梯级链轮是最普遍也是最典型的一套驱动装

置。通常，它安装在自动扶梯的上端部。主驱动轴安装有主驱动轮、梯级链轮、扶手带驱动轮和附加制动器(如果有)。

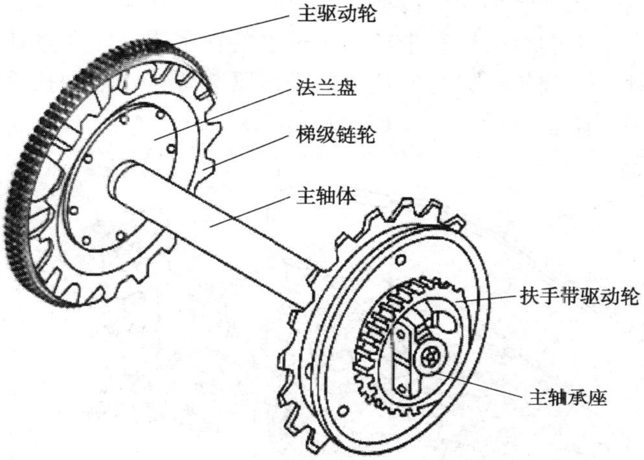

图 10-11　主驱动轴结构

如图 10-11 所示的主驱动轴的一般结构如下：

(1) 主轴体，有足够的强度；

(2) 两端主轴承座，有足够的疲劳寿命；

(3) 主驱动轮，与驱动主机组对应，承接其动力；

(4) 梯级链轮(多用法兰盘连接)；

(5) 扶手带驱动轮。

(二) 端部驱动和中间驱动

按梯级驱动装置所在自动扶梯的位置可分为端部驱动和中间驱动两种形式。凡是使用牵引链条的驱动装置装在上分支上水平直级区段的末端，即所谓端部驱动式的。使用牵引齿条的驱动装置装在倾斜直线区上，下分支的当中，即所谓中间驱动式的。

事实上，驱动装置的位置也并不是孤立地存在，它始终与驱动机组相关联，而且不同位置的驱动特点也与驱动机组的结构形式密切相关。端部驱动和中间驱动各有优势，各有所短。

1. 端部驱动装置

端部驱动装置以牵引链条为牵引件，又称链条式自动扶梯。这种驱动装置装在自动扶梯的端部。我们称安装驱动装置的地方为机房。小提升高度自动扶梯使用内机房，在提升高度相当大时或有特殊要求时，端部驱动自动扶梯需要采用外机房，也就是驱动装置装在自动扶梯金属结构外建筑物的基础上。

端部驱动装置是常用的一种驱动装置。图 10-12 是端部驱动自动扶梯上部结构的一种形式。由图可知：驱动机组通过传动链条带动驱动主轴，主轴上装有两个牵引链轮、两个扶手驱动轮、传动链轮以及紧急制动器等。牵引链条上装有一系列梯级，由主轴上的牵引链轮带动。主轴上的扶手驱动轮通过扶手传动链条使扶手驱动轮驱动扶手胶带。另外的扶手肢带压紧装置，以增加扶手肢带与扶手驱动轮间的摩擦力，防止打滑。

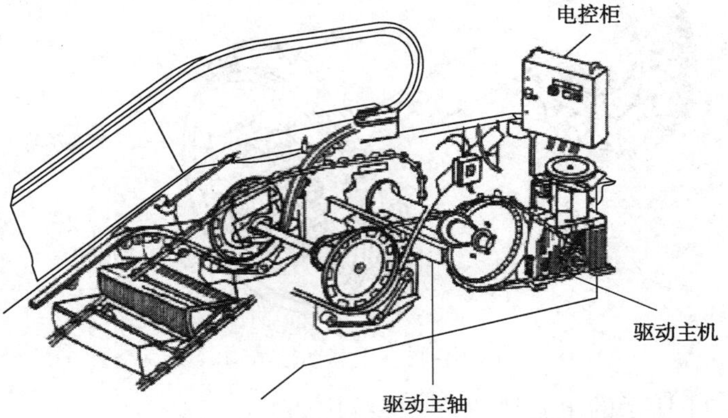

图 10-12　驱动自动扶梯上部

端部驱动装置经常使用蜗轮蜗杆减速器，采用立式蜗轮减速器和双块式制动器的结构。也可采用立式蜗轮减速器驱动机组，但应用带式制动器。这两种蜗轮减速器具有运转平稳、噪声小及体积小等优点。然而蜗轮减速器的效率较低，增加能量消耗。如采用平行轴线的圆柱斜齿轮减速器，效率可以提高。在设计中，选用这种圆柱斜齿轮的参数与精度时，要考虑降低噪声问题。此外，驱动装置采用防振装置，机架部件采用吸振材料，用吸振材料等可以使振动噪声降到与蜗轮减速器相同的水平。采用盘式制动器的驱动机组，其优点是结构紧凑一些。

如图 10-13 所示，是不用链条传动而用齿轮传动的一种端部驱动装置。这一结构有两个电机分别与蜗杆相连，两蜗轮 3 各通过一组圆柱斜齿轮 8 直接与两个牵引链轮 10 及两个扶手驱动轮 6、7 连接。采用盘式制动器 4，其优点是结构紧凑。在大提升高度时，这种驱动装置可以不使用外机房，使金属结构支反力少一个分量。该驱动装置集中在自动扶梯金属结构较高处，可在工厂内装配完成进行试车后，运往工地，因而可使现场安装工作量降至最低。与常用外机房结构的驱动装置相比，这种结构与金属结构连成一体。只有内力作用在驱动装置上，金属结构和基础部分都没有受到由链传动所引起的作用力，避免了噪声增大。

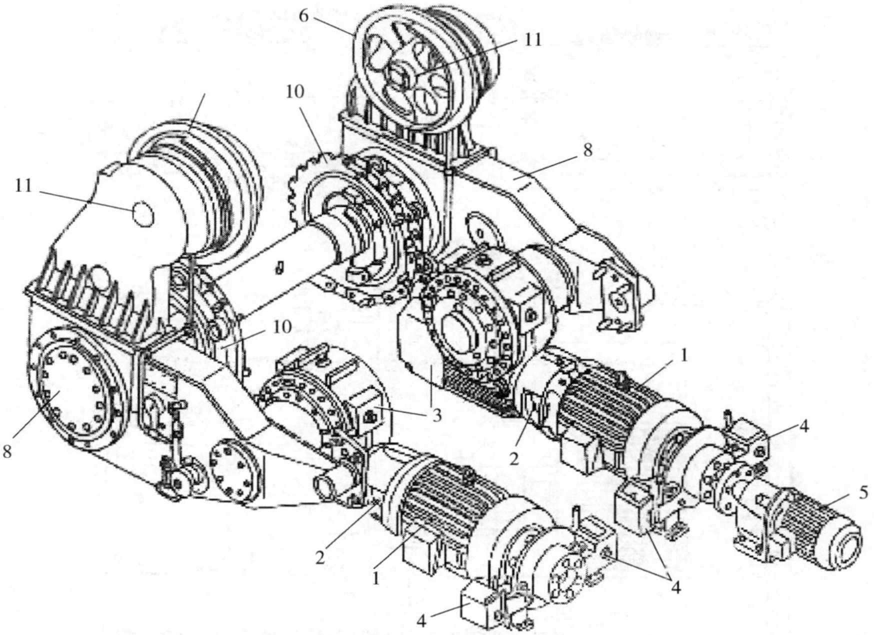

图 10-13 一种无链传动的端部驱动装置

2. 中间驱动装置

中间驱动装置装在自动扶梯的中部，以牵引齿条为牵引件，又称为齿条式自动扶梯。中间驱动自动扶梯不需要内、外机房，而将驱动装置装在自动扶梯梯路中部的上、下分支之间，而该处是自动扶梯未被利用的空间。

如前所述，将驱动机组置于上、下两分支之间时即为中间驱动装置。这种结构可节省端部驱动装置所占用内机房的空间，而且简化自动扶梯两个端部的结构。中间驱动装置必须用牵引齿条来代替牵引链条。图 10-14 为中间驱动装置的结构图。电动机通过减速器传递给两侧的两根构成闭合环路的传动链条，每侧的两根传动链条之间铰接一系列滚子，滚子与牵引齿条的牙齿啮合，驱动自动扶梯运行。制动器装在减速器的高速轴上。

中间驱动装置的一大特点是有可能进行自动扶梯的多级驱动。当自动扶梯提升高度相当大时，端部驱动的牵引链条的张力在有载分支上升时急剧地增大，牵引链条尺寸及电动机功率也相应加大。此时，如果将上述的中间驱动机组多设几组，则形成多级驱动自动扶梯，可以大大降低牵引齿条的张力。另一特点是牵引齿条在驱动机组出端受推力，以后经过一个转点之后变成承受拉力。

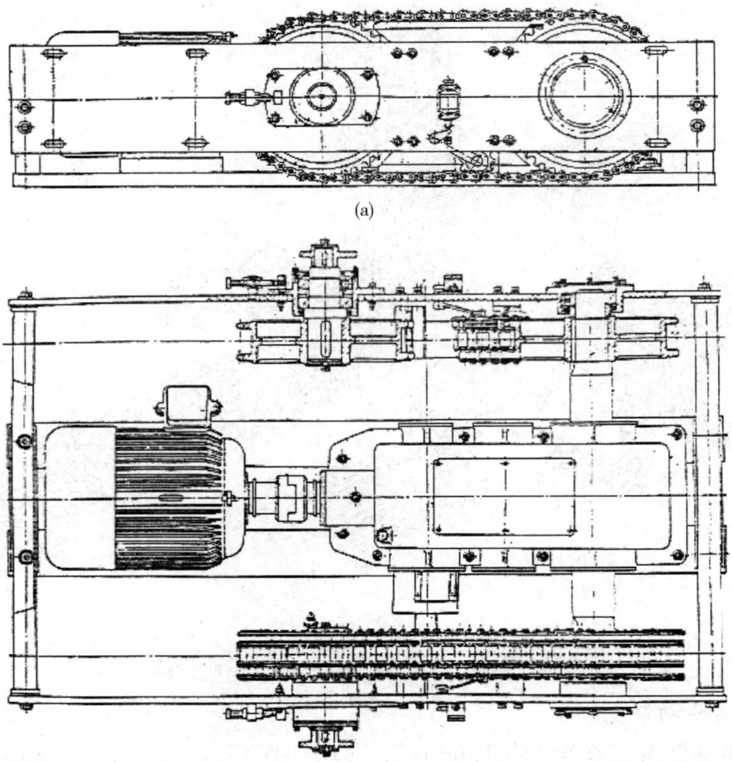

(a)

(b)

图 10-14　中间驱动装置的结构图

【典型故障案例】

传动链条磨损和张紧过松，自动扶梯舒适感比较差

1. 故障现象

自动扶梯在经过几年的运行后，往往在乘坐时会有不舒适、不平稳的感觉。

2. 分析缘由

目前大多数自动扶梯的传动装置采用链条传动即驱动主机和主驱动轴之间及扶手带传动轴与主驱动之间，在链条传动中，驱动力作用在链轮和链条上，由于链条在链轮传动过程中不断地啮合和脱开，于是其间产生摩擦力。该摩擦力在自动扶梯长时间的运行中使链条和链轮磨损，致使链条不在节圆直径上，而是在比节圆直径大的直径上进行运动。这样一来就会消失链条在链轮上“爬高”的现象。在极端状况下，传动链条在链轮的顶圆直径上运动，链条会在轮齿上跳动。这样导致自动扶梯在运行过程中，梯级会产生一顿一抖的现象，扶手带的运行速度相对梯级的运行速度也会有滞后的现象，这些现象是导致乘客在自动扶梯上舒适感比较差的缘由。

3. 修理方法

检查驱动主机和主驱动轴之间的传动链条及链轮是否已磨损损坏，假设已磨损损坏应更换链条链轮，然后调整曳引机底座的张紧凸轮使传动链条适度张紧；检查扶手带传动轴与主驱动轴之间的传动链条链轮是否已磨损损坏，假设已磨损损坏应更换链条链轮，然后调整扶手带传动的张紧螺栓使传动链条适度张紧。经过更换链条及调整后，自动扶梯将平稳舒适运行。

第十一章 桁　架

自动扶梯的金属桁架又称为支撑结构，它与两个不同层高的建筑物地面相连接，不仅安装和支撑了除驱动主机外的所有零部件，还要在工作运行中承受着各种载荷。

金属结构桁架的设计制作大同小异，有强度和挠度两大性能指标，并与自动扶梯许多机械故障相关联。

本章共有：桁架结构/桁架常见问题，2 项内容。

一、桁架结构

如图 11-1 所示，桁架通常都是以角钢和中空方钢为主材焊接而成的。桁架的具体结构和包含部件没有明确约定。但其附属结构基本上包括了上下楼层板及其边框、梳齿板、桁架底板，以及油槽和垃圾收集盘等。

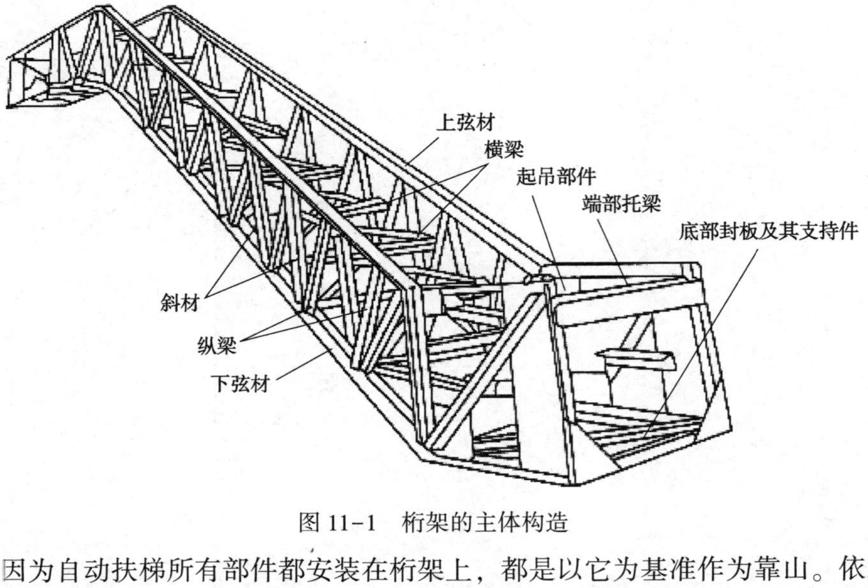

图 11-1　桁架的主体构造

因为自动扶梯所有部件都安装在桁架上，都是以它为基准作为靠山。依赖于它的平直、刚强及正确的几何尺寸，它必须能够承受足够的负载和振动。它是影响扶梯质量乃至品牌价格的一个重要部件，轻巧、刚强者为上品。

桁架结构有两个重要的性能指标：一是桁架结构的挠度；二是桁架金属结构的强度。

桁架的挠度是一个最重要的性能指标。对于普通扶梯，根据 5000N/s^2 的载荷计算或实测的最大挠度不应大于支撑距离 1/750；对于公共交通型扶梯则不应大于支撑距离的 1/1000；对于重载型公交扶梯一般不大于 1/1500。

扶梯桁架其整体刚性和局部刚性都要到达规定的要求，否则会影响到自动扶梯的工作性能。因为桁架是由焊接方式拼装成的金属桁架结构，其变形量和残余应力应当始终控制在规定的水平。否则因桁架稳定性影响其工作性能。

桁架结构的材料强度和安全系数关系到桁架安全性能和使用寿命。

桁架要进行表面防锈处理。处理方式有热镀锌、热喷锌和喷涂三种，其中热镀锌防锈能力最强，一般用于室外扶梯或者是对表面要求较高的公共交通型的自动扶梯。

桁架可以是一个整体结构，也可以进行合理分断，然后在现场拼接而成。

桁架水平段的长度及中部支承，要符合具体井道的情况，必须做好桁架整体强度的设计。

端部支承的固定以及减振减噪。扶梯桁架两端支承在不同层高的楼板上，在自动扶梯运行中可以传导振动和噪声，要用隔音材料进行减振减噪处理。

二、三个常见的桁架问题

（1）如图 11-2 所示，由于上下驱动侧板定位时与桁架中心面不对称造成了梯路跑偏。

图 11-2　桁架两侧的驱动侧板

（2）如图 11-3 所示，由于驱动主轴轴线在水平和垂直两平面与桁架梯路导轨中心平面存在偏差，造成了梯路跑偏。

图 11-3　桁架梯路导轨中心平面

（3）如图 11-4 所示，由于驱动下主轨中心和桁架梯路中心存在着偏差，造成了梯路跑偏。

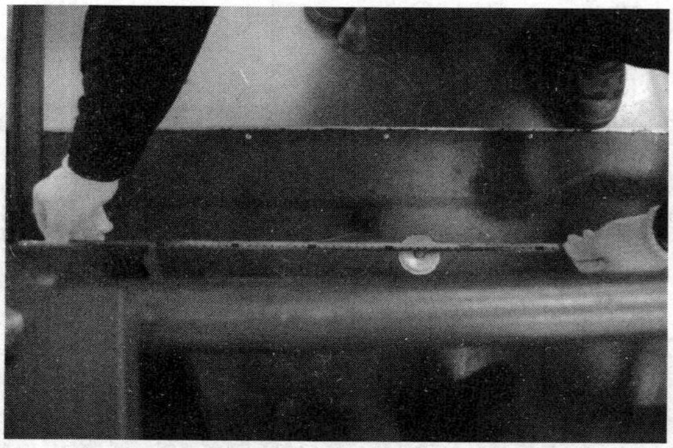

图 11-4　桁架梯路中心

第十二章　控制系统

与垂直电梯相比，自动扶梯/自动人行道的控制系统要简单得多。

自动扶梯/自动人行道空载启动为无载荷启动，不考虑启动力矩补偿的问题；恒速运行，没有调速需要；低速扶梯检修与正常运行是同一速度。只有安全回路通断、启停操作的信号管理，不像电梯控制的主要任务是要对各种指令信号、位置信号、速度信号和安全信号(层站召唤、轿内指令、运行方向、安全保护等指令)进行管理，对拖动装置和开门机构发出方向、启动、加速、减速、停车和开门、关门等指令信号，使电梯能够正常运行或处于保护状态，并发出各种显示信号。因而长期以来大量广泛使用了继电器控制，只是近几十年来为了改善电气控制性能才日益使用可编程序控制器和微型计算机。

使用 PLC 及单片机并不是改变了电梯继电器控制的逻辑关系，也并不是统统消灭了自动扶梯外围的控制线路，相反任何自动扶梯运行性能及它的功能是否完善，还是有赖于控制线路是否完善合理。虽然由于自动化程度，保护环节以及操作方式和管理要求的不同，自动扶梯电气线路的繁简也有所不同，但是自动扶梯控制系统的逻辑关系及其运行工艺过程仍是一致的。学习自动扶梯的电气控制，我们不妨就沿着它的发展脉络来学习。

本章共有：早期的电气控制/典型的继电器控制/微机+变频器的控制系统，3 项内容。

一、早期的电气控制

图 12-1 是一个早期的常用的电气控制原理图。

电路组成说明：①F 为相序继电器；②FR 为电机的热保护；③FU 为保险丝；④M 为交流电动机；⑤由 380V 变为 22V 的隔离变压器 TM，供安全回路。

(一) 主电路

根据改变 380V 任意两根火线可以改变电动机旋转方向，那么，从图 12-2 主电路可得：

① Qs→KM1→M→实现上行。

② Qs→KM2→M→实现下行。

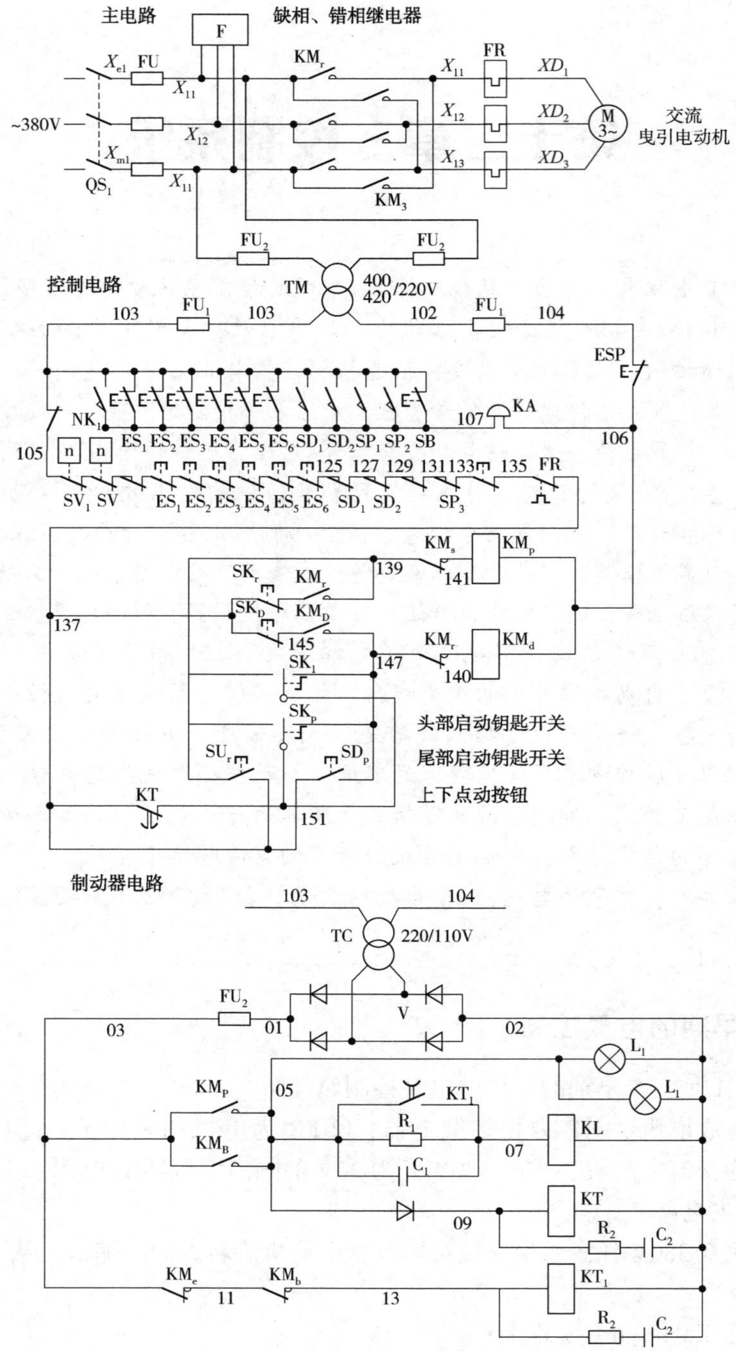

图 12-1　自动扶梯电气控制原理图

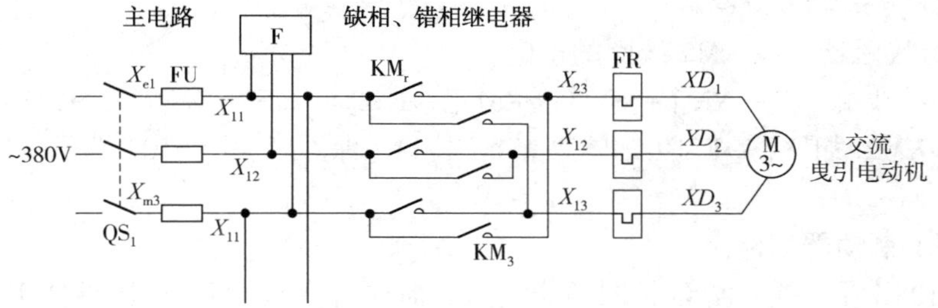

图 12-2　主电路

(二) 控制回路

如图 12-3 所示，依据操作指令，要厘清控制接触器线圈得电的过程。

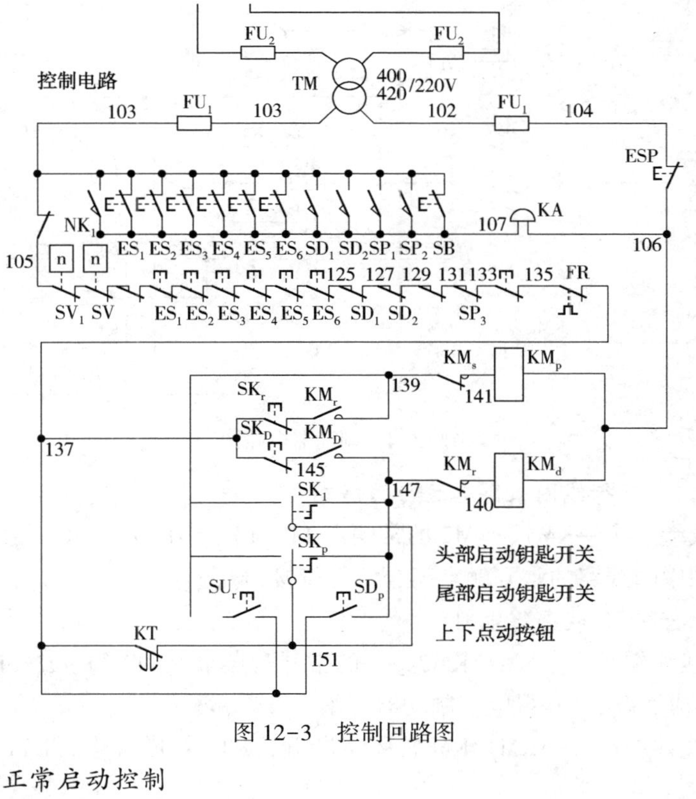

图 12-3　控制回路图

1. 上行正常启动控制

上行接触器线圈 KM1 线圈的得电：

103 接线端子↑→NK↑→SV↑→ES1↑→ES2↑→ES3↑→FR↑→137 端子↑→SK1↑→KM1 线圈↑→ESP(常闭触点)↑→FU(保险丝)↑→102 端子，形成闭合回路。

2. 下行正常启动控制

下行接触器线圈 KM2 线圈的得电：

103 接线端子↑→NK↑→SV↑→ES1↑→ES2↑→ES3↑→FR↑→137 端子↑→SK1↑→KM2 线圈↑→ESP(常闭触点)↑→FU(保险丝)↑→102 端子，形成闭合回路。

(三) 制动器回路

图 12-4 是一个可以延长制动器线圈寿命的“高压开闸，低压维持工作”的控制线路图。要搞清楚在图 12-3 直流线路中抱闸线圈 KT 的得电过程。

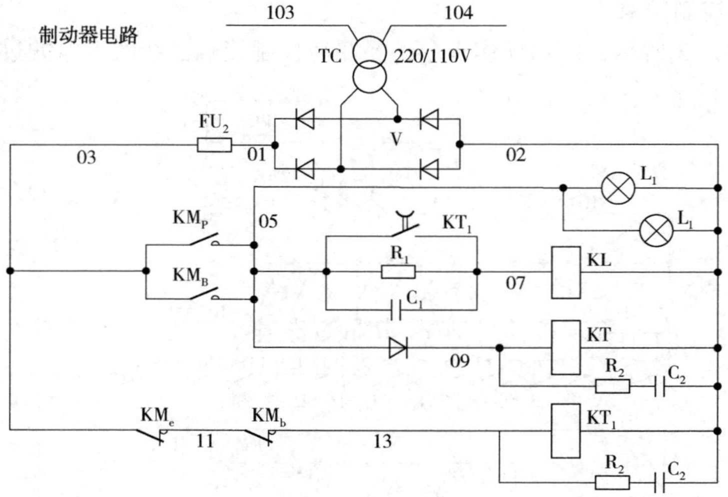

图 12-4　制动器电路图

1. 在上行/下行线圈未得电运行的静态

03 接线端子↑→KM1、KM2 的常闭点 11、13↑→KT1↑→02 接线端子导通。于是 KT1 的中间线路的常开触点闭合，等待接通。

2. 当上行/下行线圈得电时

① 03 接线端子↑→KM1/KM2↑→的常开触点↑→KT1↑→07→KL↑→02 接线端子，形成回路，KL 得电，制动器开闸。

② 03 接线端子↑→KM1/KM 常闭点断开，KT1 线圈失电，KT1 的常开触点延时断开。

③ 03 接线端子↑→KM1/KM2 的常开触点↑→R1→07→KL↑→02 接线端子，形成回路，KL 制动器低压工作。

关于该系统补充说明：该控制系统由四个部分构成：第Ⅰ部分主电路；第Ⅱ部分控制电路；第Ⅲ部分制动器回路；第Ⅳ部分扶手带照明电路。

问题是：①没有“星-三角”转换模式；②直接启动没有使用延时技术。

二、经典的继电器控制

电气控制原理如图 12-5 所示。该控制系统，能对电动机的启动、停止、正转、反转及“星-三角”变换进行全面的控制和管理，对运行中发生的短路、欠电压、过载、梯级异常、梯级下沉、驱动链断、传动链断等多种故障实施高速并行处理。当一路或几路发生故障时，能进行声光报警，及时切断控制电路电源和主电路电源，使自动扶梯迅速制动并准确停梯。

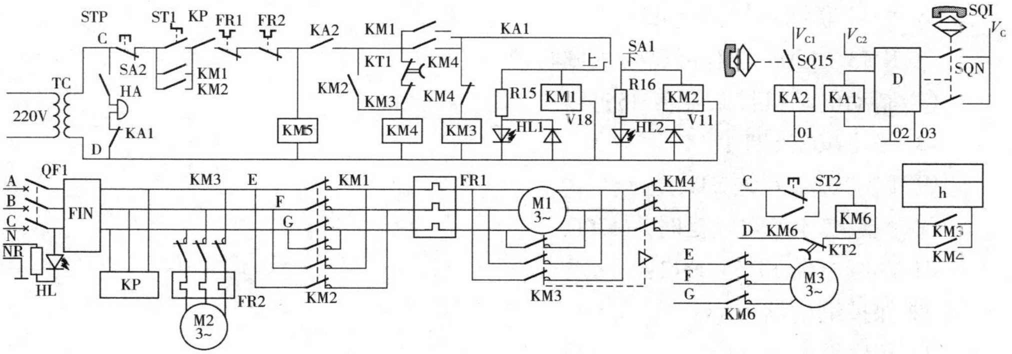

图 12-5 控制系统原理图

（一）系统的组成说明

自动扶梯控制系统的原理图如图 12-5 所示。它包括四大部，即主电路、控制电路、整流稳压电路和保护电路。

1. 主电路组成说明

① 交流拖动电动机 M1；

② 直流制动器 M2；

③ 交流润滑电动机 M3；

④ “△”联结接触器 KM3；

⑤ “Y”联结接触器 KM4；

⑥ 上行接触器 KM1；

⑦ 下行接触器 KM2；

⑧ 制动电动机接触器 KMS；

⑨ 润滑电动机接触器 KM6；

⑩ 相序继电器 KP；

⑪ 漏电保护装置 FIN；

⑫ 热继电器 FR1、FR2；

⑬ 电源指示灯 HL；

⑭ 主电路自动空气断路器 QF1。

2. 控制电路

控制电路完成自动扶梯的正反转、启动、停止、制动、报警等一般功能。

① 上行接触器 KM1；

② 下行接触器 KM2；

③ KM1、KM2 之间具有可靠的机械联锁；

④ "Y"联结接触器 KM4；

⑤ "△"联结接触器 KM3；

⑥ KM3、KM4 具有可靠的机械联锁；

⑦ 制动电动机接触器 KM5；

⑧ 停止按钮 STP；

⑨ 启动钥匙开关 STl；

⑩ "星-三角"空气延时头 KT1；

⑪ 热继电器 FR1、FR2；

⑫ 保护继电器 KA1；

⑬ 相序继电器 KP；

⑭ 制动继电器 KA2；

⑮ 上、下行指示灯 HL1、HL2；

⑯ 告警电铃 HD；

⑰ 开关 SA1、SA2；

⑱ 累计计时器 h；

⑲ 润滑电动机接触器 KM6；

⑳ 润滑空气延时头 KT2 及润滑按钮 ST2。

3. 整流稳压电路

整流稳压电路主要元器件：

① 变压器 TC；

② 整流桥 U；

③ 滤波电容 C；

④ 三端集成稳压器 T。

4. 保护电路

保护电路的主要功能是检测故障并进行声光报警，切断控制电路电源，迅速制动拖动电动机。它由下列元器件组成(图 12-6 和图 12-7)：

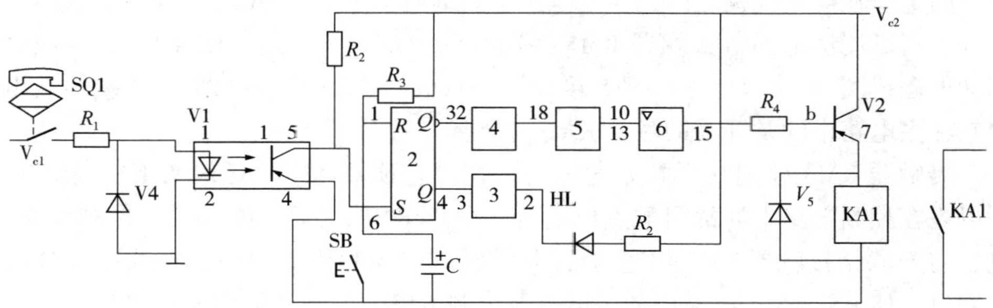

图 12-6　保护电路图

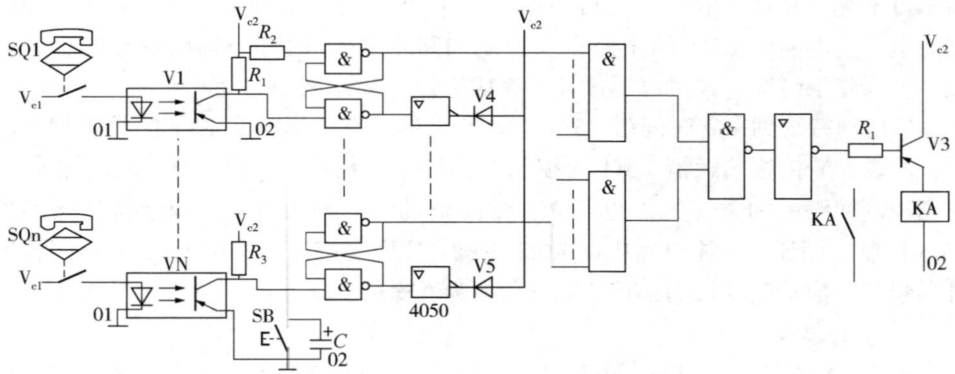

图 12-7　实际保护电路图

① 接近开关 SQ；

② 电阻；

③ 光耦合器 V1、V6；

④ 保护逻辑电路 D；

⑤ 故障指示灯 HL；

⑤ 开关管 V2(图 12-6)，V7(图 12-7)；

⑥ 快速二极管 vs5(图 12-6)，V8(图 12-7)；

⑦ 复位电路 SB、C；

⑧ 保护继电器 KAl。

(二) 系统的工作原理

1. 上行启动运行

如图 12-5 所示，闭合自动断路器 QF1，电源指示灯(绿灯)亮(闭合 QF1 前只有红灯亮)，表明电源接通。相序继电器 KP 检查相序正确时，它在控制电路中的常开辅助触点闭合。将双向开关 SA1 打到上行位置，旋动钥匙开关 ST1，若主电路电流在规定范围之内，控制电路中热继电器 FR1、FR2 的常闭辅助触点不断开，所以制动电动机接触器 KM5 控制线圈通电，主电路 KM5 的主触点吸合，制动电磁线圈 M2 启动，与 SQ15 接在同一回路中的制动继电器 KA2 线圈通电，使它在主电路中的常开辅助触点 KA2 闭合。

接触器 KM5 控制线圈开始通电时，挂在它顶部的空气延时头 KT1 未动作，所以它在控制电路中的常闭触点仍闭合。由于 KM3(△联结接触器)控制线圈断电，与 Y 联结接触器 KM4 相连的常闭辅助触点 KM3 闭合，Y 联结接触器 KM4 线圈通电，使 KM4 在主电路中的主触点及控制电路中的常开辅助触点闭合。

系统无故障发生时，保护继电器 KA1 线圈通电(该系统无故障发生时，所有指示灯不亮，有信号输出)。控制电路中 KA1 的常开辅助触点闭合，KM1 控制线路通电。主电路中 KM1 的主触点及控制回路中 KM1 的常开辅助触点闭合并自锁。上行指示灯亮。经过以上过程，完成上行 Y 联结减压启动。

Y 启动持续到一定时间(3~5s)，KM5 所带的空气延时头 KT1 的常闭触点断开，所以，Y 接法接触器 KM4 的控制线圈断电，KM4 主电路中的主触点断开，它在控制回路中的常开触点也断开，常闭辅助触点则闭合，三角形接法接触器 KM3 控制线圈通电，主电路中的 KM3 主触点闭合，控制回路中 KM3 的常闭辅助触点断开，拖动电动机 M1 由 Y 运行切换为△运行。

2. 下行启动下行运行

如图 12-5 所示，闭合主电路开关 QF1，把 SA1 开关置于下行位置。旋动钥匙开关，若主电路电流在规定范围之内，热继电器 FR1、FR2 不动作。即它们在控制回路的常闭辅助触点不断开，制动电动机接触器 KM5 控制线圈通电，它在主电路中的主触点闭合，制动电动机 M2 启动，与它接在同一回路中的制动继电器 KA2 线圈通电，KA2 在控制电路中的常开辅助触点闭合。相序继电器 KP 检查到进线端相序正确，则它在控制电路中的常开触点闭合。KM5 控制线圈有电流通过时，它所带的空气延时头 KT1 的常闭触点不断开，由于 KM3 线圈断电，它与 KM4 串联的常闭触点不断开。Y 联结接触器 KM4 线圈通电，它的常开触点闭合，常闭辅助触点断开。系统无故障发生时，保护继电器 KA1 线圈通电，它在控制电路中的常开触点闭合，所以下行接触器 KM2 控制线圈通电，因此，它在主电路中的主触点闭合，在控制电路中的常开辅助触点也闭合并且自锁。下行指示灯亮，由以上过程，完成下行 Y 联结减压启动。

下行 Y 接法运行到一定的时间，制动电动机接触器 KM5 所带的空气延时头 KT1 的常闭触点断开，但此时，与 Y 接法接触器 KM4 串联的下行接触器 KM2 的常开触点闭合(KM2)控制线圈通电。所以 KM4 控制线圈中仍有电流通过，它的辅助常闭触点 KM4 断开，KM3 控制线圈断电，电动机仍然工作于星形接法。不接 KM2 触点，则变为三角形接法运行。

3. 正常/故障停机

（1）**正常停机。当按下停止按钮 STP，切断控制电路电源时，控制电路中各接触器（KM5，KM4、KM3、KM1 或 KM2）的控制线圈断电，所以，控制电路中相应于各接触器的辅助触点动作。即它们的常开触点断开，常闭触点闭合。所以与 ST1 并联的 KM1、KM2 的自锁触点 KM1、KM2 断开，系统不能再启动。主电路中相应于各接触器的主触点断开，制动电动机 M2 和拖动电动机 M1 均失去电源，M2 提供的转矩迅速减小为零。液压装置在复位弹簧的作用下立即抱闸。即使在位能性负载的作用下，该装置也能使拖动电动机 M1 实现迅速停车。**

（2）故障停机。当某一路或几路有故障发生时，与之相应的接近开关有信号输出，经保护电路内部进行逻辑处理后，使开关管关断，保护继电器 KA1 线圈断电，所以，控制电路中 KA1 的常开辅助触点断开，使 KM1 或 KM2 的控制线圈断电，因此，KM1 或 KM2 的常开辅助触点断开，切断控制电路电源，并失去自锁，系统不能再启动。由于接触器 KM5 的控制线圈也断电，所以相应于 KM1 或 KM2，KM5 在主电路中的主触点断开，电动机断电。M2 提供的转矩变为零，在复位弹簧的作用下，抱闸回到抱合位置，自动扶梯迅速制动，准确停车。

4. 润滑电路的工作过程

在图 12-5 中，按下启动按钮 ST2，作为延时继电器的空气延时头 KT2 常闭触点闭合，KM6 控制线圈带电，与 ST2 并联的 KM6 的常开触点自锁，主电路中 KM6 主触点闭合，使润滑电动机 M3 启动并开始工作。持续一定时间后，空气延时头的常闭触点断开 KM6 线圈断电，M3 停机，润滑结束。

（三）关于该系统的补充说明

1. 两个增强功能

（1）欠电压保护。通常用图 12-6 所示的电路对霍尔器件的电源进行欠电压保护。当电源电压偏低（超出它允许的波动范围）或失压时，光耦合器截止。由图 12-8 可知：信号由电阻 R 上取出，加入 RS 触发器的 6（S）端，逻辑电路与图 12-5 相同。因此，电源电压偏低或失压时，R 上的信号电压为 0，经过逻辑电路变换后，输出晶体管 V2 截止，保护继电器 KA1 线圈断电，KA1 在控制电路中的常开触点 KA1 断开，切断控制电路电源，扶梯制动。

（2）整流稳压。桥式整流电路是依靠二极管的单向导电性，将交流电变换成直流电。它的输出波形是单向全波脉动波形，再经滤波电路滤去整流电压中的波，并由三端集成稳压块进行稳压，为工作电路提供合适的直流电压。

电路的一点小瑕疵：图 12-5 的工作制动器 M2 仅由一个接触器 KM5 控制，这不符合标准中规定应有两个独立的电气装置控制的要求。所以应将 M2 接在方向接触器 KM1、KM2 之后，这时制动器就由 KM1(或 KM2)和 KM5 两个独立的接触器来控制，才符合 GB 16899—2011 的要求。

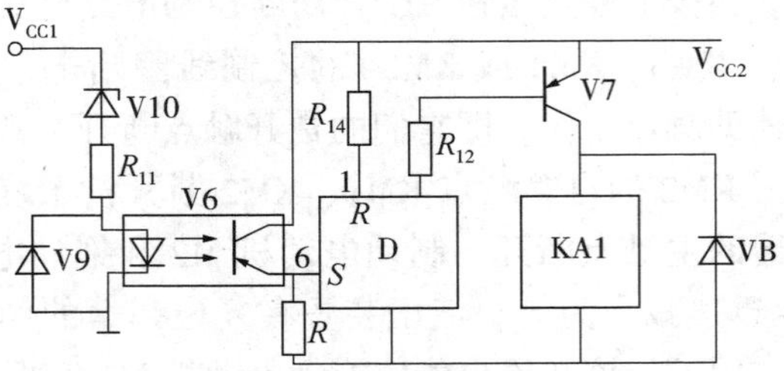

图 12-8　失压保护电路原理图

2. 系统的突出特点

该系统选用了体积小、性能可靠的接触器和继电器作为控制元件。选用体积小、寿命长、时间可调、安装方便的空气延时头作延时继电器。选用了可靠性高、灵敏度高的敏感元件——霍尔接近开关作为故障检测元件。它从根本上克服了“行程开关+继电器”控制中的反应迟钝、易丢失瞬时故障信息的缺点。同时，这种开关为无触点开关，减少了噪声对系统的干扰，保证了故障检测的准确、及时、可靠。选用光耦合器作为传输元件，输入输出没有直接电气联系，从而避免了输出端对输入可能产生的反馈和干扰。设计中选用了具有记忆功能的逻辑电路，为检修工作带来很大方便。另外电路所选用的电子元器件均为标准件或通用件，提高了控制系统的标准化程度和通用化水平。

但是，后来随着微机的快速发展和成本降低，可编程序控制器包括 PLC 和单片机，取代中间继电器已经成为一种趋势。尤其是，人们对自动扶梯性能的要求越来越高，譬如，出于节能要求，自动扶梯在无人的时候要以 1/5～1/4 的速度运行；在扶梯的拖动的主电路加入了变频器，自动扶梯要在触点控制的 1.8m 外启动，或是光束控制的要在 1.6m 外启动；当乘客到达梳齿线时，应以不小于 0.2 名义速度和不大于 $0.2m/s^2$ 加速，如此等等，继电器控制已经难堪其任，于是自动扶梯自然地发展到了当下普遍使用微机控制变频驱动的控制系统了。

三、微机控制的变频驱动系统

(一) 微机变频控制的主电路

1. 双触点控制

在 GB 16899—2011 中，自动扶梯的电动机驱动电路要求必须通过两个接触器驱动：电源应由两个独立的接触器控制，这些接触器的触点应串联在供电回路中。当自动扶梯停止时，如果其中任一接触器的主触点未打开，则自动扶梯应不能重新启动。图 12-9 是自动扶梯最简单的直接启动方式的主回路图。

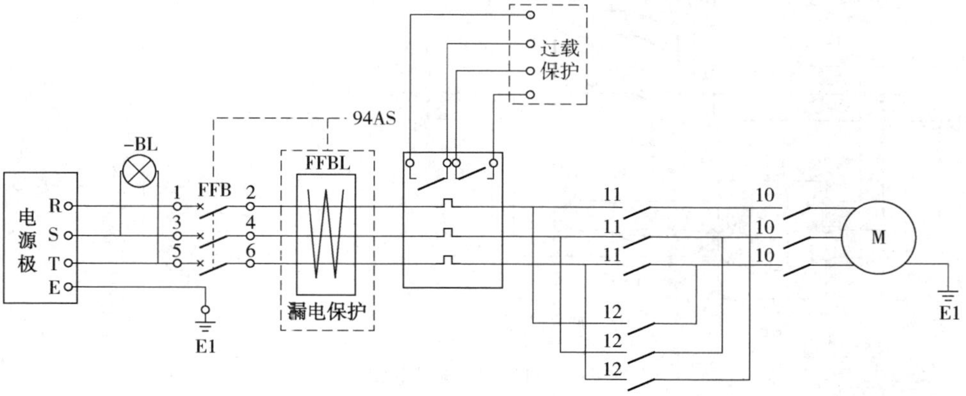

图 12-9　自动扶梯最简单的直接启动方式的主回路图

图 12-9 中，FFB 为主断路器，FFBL 为 FFB 的漏电脱扣保护器，当系统漏电时，FFBL 主动断开主电源。在剩余电流断路器的选择上，要注意电动机的漏电流会随着功率的增加而增加。94AS 为检测电动机电流，进行过载保护。11、12 为上下行接触器，通过这两个接触器改变电动机的供电相序，从而改变电动机的运转方向。10 为自动扶梯电源接触器，接通或断开自动扶梯的电源。

2. 变频器与节能电路的设计

随着人们节能意识的提高，带有节能速度的自动扶梯越来越多。当自动扶梯上没有乘客时自动转为节能运行状态。节能速度一般为扶梯名义速度的 1/5～1/4，是通过变频器加以实现的。

如图 12-10 所示是一个常见的变频器电路。

如果系统是通过变频器驱动，电源的回路如下：电源→INV→#lOVX→#22→M(电动机)。由于采用变频器驱动时，启动电流较小，可以取消#22 接触器。但在设计中应注意，电源应由两个独立的接触器来中断，接触器的触头应串接于供电电路中，如果自动扶梯停止时，接触器的任一主触头未断开，则重新启动是不可能的。

如果简单地用变频器来替代接触器是不符合规范要求的，变频器必须按以下要求设计：

（1）增加用来阻断功率半导体元件中异常电流流动的控制电路，该电路检验自动扶梯每次停止后，变频器内部是否还有电流流动，如果发现此情况必须有能阻断电流流动的电路。

（2）正常停止期间，如果功率半导体元件未能有效阻断电流流动，控制电路应使变频器以外的接触器释放并应能防止自动扶梯重新启动。

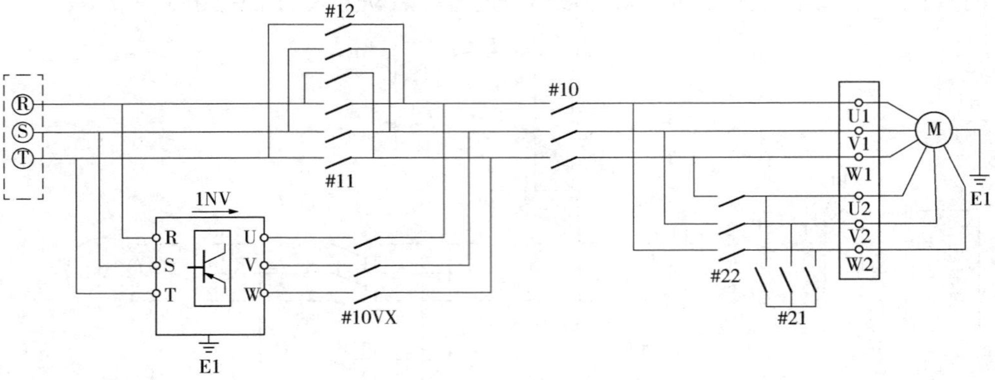

图 12-10　变频器电路

#12—无变频时的下行接触器；#11—无变频时的上行接触器；#10—电动机电源接触器；#10VX—变频电源接触器；#21—星形联接接触器；#22—三角形联接接触器；M—电动机；INV—变频器

(3) 切断各相(极)电流的接触器。当自动扶梯停止时，如果接触器未释放，则自动扶梯应不能重新启动。

(4) 设置用来阻断静态元件中电流流动的控制装置，用来检验自动扶梯每次停止时电流流动阻断情况的监控装置。

(5) 正常停止期间，如果静态元件未能有效阻断电流的流动，监控装置应使接触器释放并应防止自动扶梯重新启动。

如果没有变频器驱动，电源的回路如下：电源→#11(或#12)→#10→#21→M(启动时，星形联接)电源→#11(或#12)→#10→#22→M(正常运行时，三角形联接)。

3. 变频器的设置

(1) 全变频控制方式。全变频的工作方式属于传统的节能方式。

① 拖动方式。以图 12-10 变频器电路为例，对于全变频方式，自动扶梯全程采用变频器拖动。电动机供电方式：电源→INV→#lOVX→#22→M(电动机)。

全变频控制曲线如图 12-11 所示。

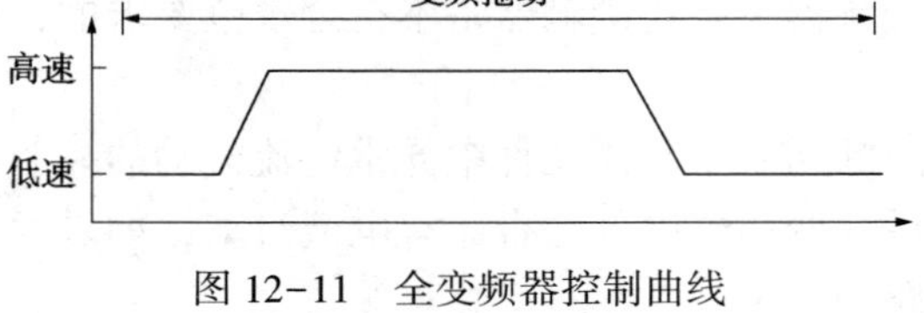

图 12-11　全变频器控制曲线

② 变频器配置。由于自动扶梯全程由变频器驱动，因此相关的配置要求较严格。

A. 变频器功率需按大于电动机功率进行配置。由于自动扶梯全程由变频器驱动，变频器的功率必须比电动机大，对于室内用的自动扶梯，可以按 1∶1 进行配置。但对于室外梯，考虑到散热的问题，变频器功率需按大于电动机功率进行配置。

B. 制动电阻功率配置。当自动扶梯满载下行发电时，会产生很大的再生能量，对于机械效率高的系统，再生能量可以达到电动机额定功率的 70%～80%。这意味着，如果一台 30kW 的电动机，需要配置 21～24kW 的电阻。同时，自动扶梯发电产生的能量全部通过电阻消耗，然后再通过热的方式转化到环境中，对楼宇的空调系统会造成一定的影响。

③ 全变频的优点。可以设置多种速度，使用相对较灵活，速度变化平滑。全变频的缺点是变频器功率大，使用寿命相对较短；自动扶梯发电的再生能量通过电阻消耗，浪费能源；制动电阻功率大，发电时产生的热量对楼宇空调系统有影响。

（2）旁路变频方式。对于一般的自动扶梯，只需要有节能速度和额定速度两种速度，因此，水泵的旁路变频工作方式也可应用于自动扶梯的设计中，并能收到很好的经济性。

① 拖动方式。以图 12-10 变频器电路为例，对于旁路变频，自动扶梯在低速运行及加减速运行时，采用变频器拖动，当自动扶梯运行到额定速度时，通过电网直接拖动(通过接触器旁路)。

低速运行及加减速运行时：电源→INV→#lOVX→#22→M(电动机)；

额定速度运行时：电源→#11(或#12)→#10→#22→M(正常运行时，三角接法)。

旁路变频控制曲线如图 12-12 所示。

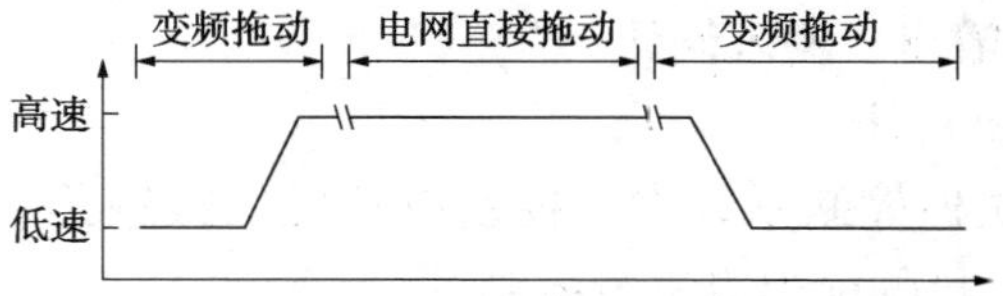

图 12-12 旁路变频控制曲线

② 变频器配置。由于变频器只在扶梯低速及加速过程中驱动电动机，这时候自动扶梯处于无负载或低负载的状态，因此，变频器功率等级可以低于电动机功率，一般按 60%配置就可以满足要求。但是，由于各个厂家的具体设计方式不一样，因此变频器的功率需要通过计算仔细确认，同时需要通过试验进行确认。

③ 旁路变频的特点。

A. 旁路变频的优点：与传统的变频控制方式比，旁路变频的控制方式有相当多的优点：变频器功率小、成本低；由于变频器工作的时间相对较少，所以寿命更长；自动扶梯下行时运行在第 4 象限(发电状态)，产生的再生能量可以高质量直接反馈回电网，而且没有电力电子能量回馈装置可能产生的谐波等电源质量问题；由于扶梯发电的能量直接反馈回电网，变频器的制动电阻功率配置相对全变频而言显著减小，同时也不会有发热问题。

B. 旁路变频的缺点：只有两种速度模式；变频向工频切换时，由于电网的相位和电机的剩余电动势的相位不一致，会产生较大的冲击，影响乘客乘坐的舒适感。为克服旁路切换造成的冲击，可以采用下述技术措施：切换时同时检测电动机和电网的相位；跟踪电网电压相位，变频器调整输出，使电动机的电压相位保持一致时进行切换。采取措施后，旁路变频最大的缺点也就可以克服了。旁路切换振动比较如表 12-1 所示。

表 12-1　旁路切换振动比较

项目	采用了相位跟踪技术	未采用相位跟踪技术
电玉波形	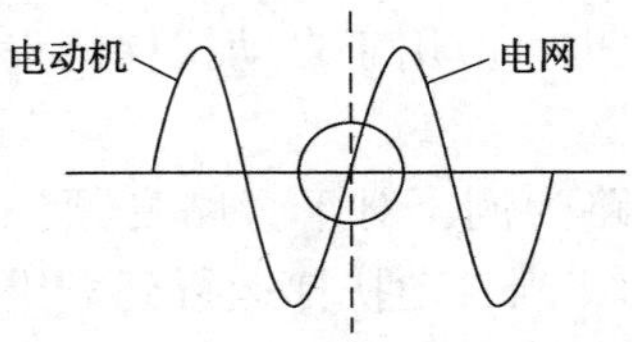	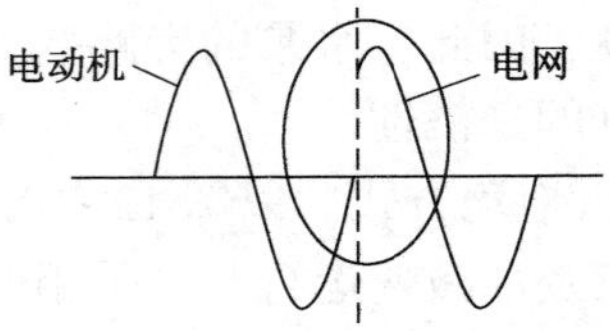
振动波形	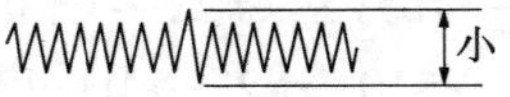	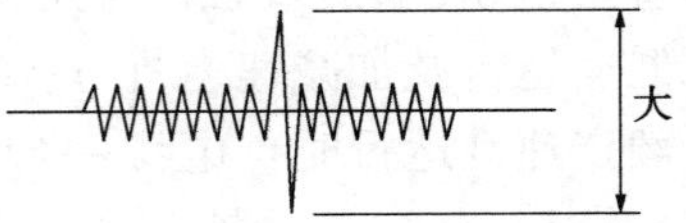
效果	切换时振动小	切换时振动大

(二) 微机控制输出、输入设计

1. 微机控制输出设计

在当前的自动扶梯控制系统中，控制电动机的接触器、控制制动器的接触器，一般都是通过微机的输出点进行控制。

(1) 弱电控制强电电路。图 12-13 是一例典型的弱电控制强电的电路形式。

下面对图 12-13 做一些简单的分析：

① Z10、Z11、212 是微机的输出点，控制继电器 11A、12A、10A，控制电压是 DC24V。

② 继电器 11A、12A、10A 继而控制 11、12、10 接触器，控制电压是 ACllOV。

③ 接触器 11、12、10 继而控制电动机的驱动，如图 12-2 所述，控制了 AC380V 的动力电压。

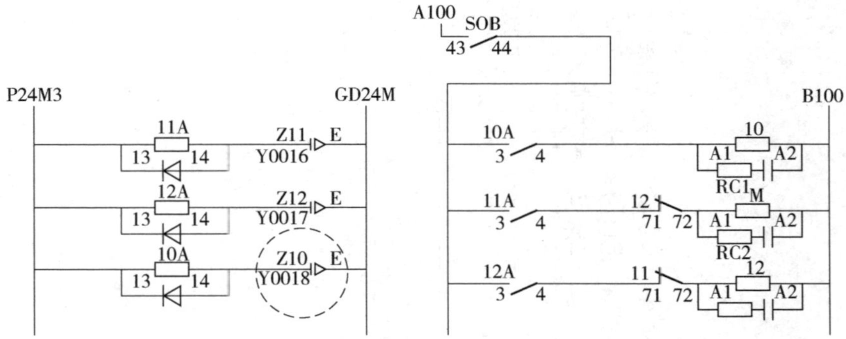

图 12-13　弱电控制强电电路

④ 两个安全保护点：a. 在接触器的线圈控制中，串入了 50B 继电器，而 50B 在图 12-3 中是实时反映安全回路状态的，一旦安全回路发生问题，电动机的供电就中断，即使微机发生了故障，自动扶梯还是可以安全停止的，这也是电路设计的一个理念。b. 在上行的接触器 11 的驱动中，串入接触器 12 的触点，这是一个典型的电气互锁电路，这种方式避免了接触器 11、12 同时接通，从而导致 AC380V 电源断路。

（2）弱电控制强电制动器的控制实例。自动扶梯应设置制动系统，该制动系统使自动扶梯和自动人行道有一个接近匀减速的制停过程直至停机，并使其保持停止状态。制动系统在使用过程中应无故意延迟。同时，GB 16899—2011 中对制动系统的电路有如下要求：供电的中断应至少由两套独立的电气装置来实现，这些电气装置可以是切断驱动主机供电的装置。当自动扶梯或自动人行道停机时，如果这些电气装置中的任何一个未断开，自动扶梯应不能重新启动。如图 12-14 所示为一个常见工作制动器控制电路。

下面对图 12-14 做些简单的分析：

① 10、11 和 12 作为 2 路独立的制动器控制触点，可以单独对自动扶梯实施制动。

② 10、11 和 12 的接触器的辅助触点均反馈回微机，发现接触器触点熔接的时候，系统可以进行故障报警。

③ 在制动器上，安装了一个 MGS 的开关，检测制动器的实际动作状态，一旦发现制动器的状态与驱动状态不一致，系统可以进行故障报警。

2. 微机控制输入的设计

自动扶梯的控制无非就是根据安全回路+操作信号+其他传感器（光感启动），确定其运行或停止。最常见的微机控制的输入除了钥匙开关外，就是对自动扶梯上有无乘客的检测传感器。目前，绝大部分自动扶梯都是通过漫反射型的光电传感器或压电电缆传感器进行有无乘客检测的。

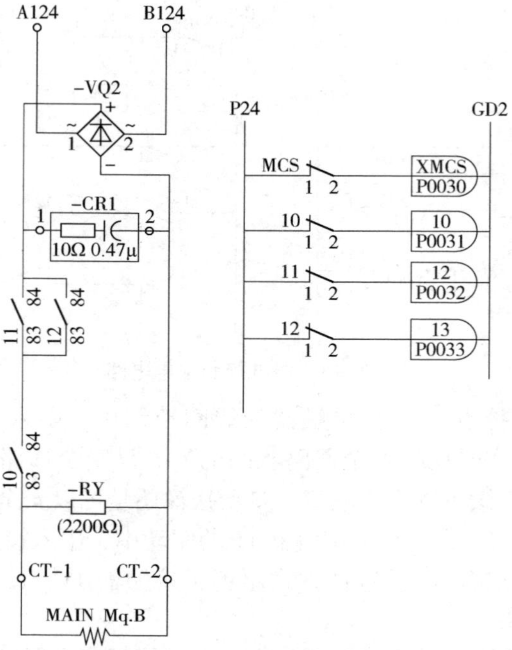

图 12-14　工作制动器控制电路

（1）漫反射类型的光电传感器。该类型传感器属于自发自收类型，传感器发出红外线，经过物体反射后返回传感器，通过该方式进行乘客检测。

如图 12-15 所示，漫反射型的检测范围较大，其检测距离是可调的，在扶梯上一般有效水平距离设置约为 1500mm，有效高度约为 650mm，当人体进入这个范围时，将使慢行中的扶梯开始加速。在人员达到梳齿与踏板相交线时扶梯应以不小于名义速度 0.2 倍的速度运行，然后以不小于 $0.5m/s^2$ 的速度加速。

图 12-15　漫反射类型的光电传感器

（2）压电电缆传感器。如图 12-16 所示，压电电缆传感器安装在楼层板下面，当有乘客走上楼梯板时，传感器受到压力产生信号。这种传感器反应比较灵敏，不受光线和灰尘的影响。

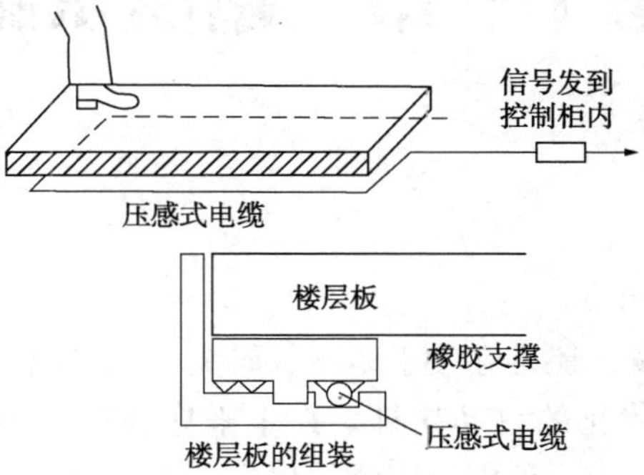

图 12-16　压电电缆传感器布置示意图

第十三章　精益求精

一、习作 4 篇

1. 自动扶梯上史话

无论是徜徉于商场，还是穿梭于车站、码头，或是出入于机场、大厦，您总免不了要乘坐一番现代化的自动扶梯。在未来您会更离不开它，因为它将与汽车、电梯并驾齐驱，成为一种更为广泛的代步工具。当我们随着人流踏上自动扶梯时，您也许一点也没有感到它的“伟大”之处，但是它的成型却着实凝结了人类的智慧，而这种智慧甚至在今天还闪现着光芒。

1859 年，美国人纳森 · 艾母兹为了解决连续运输问题，曾构想让乘客沿三角形的一个边，到达顶点后飞降下来。这个构想虽有杂技之嫌，无法使用，但因其颇具开拓性，从而以“旋转式梯级扶梯”获得发明专利。

1892 年，美国人乔治 · H · 韦勒，为了解决乘客的安全问题，设计出了活动扶手带。这项设计被专家誉为是开辟自动扶梯发展新天地的一个里程碑。他当然也以“自动扶手带”获得了专利。

1900 年，美国奥的斯公司，在巴黎召开的国际博览会上首次展出梯级是水平且有遮基坑梳板的阶梯式自动扶梯，它标志着人类自动扶梯的完善。

如今，这个停下来可作梯用，能够上下开弓，连续运送的自动化扶梯，已经广泛使用，但它还将随着人类物质文明的不断提高，而愈加完美。

见《中国电梯》98 · 9 期

2. 对自动扶梯的安全保护的理解

自动扶梯除了按照标准悬挂和张贴安全标志，将手轮、制动盘类的圆形部件应涂成黄色外，还必须在驱动站内对一切可能造成危害的旋转部件，进行周密的机械防护，尤其是应对下列部件要实施有效的机械防护：

（1）转动轴上的键和螺栓；

（2）传动机构的齿轮、链轮、链条、皮带等；

（3）电动机主轴的伸出部分；

（4）驱动站和转向站内的梯级和踏板的转向部分。

此外，自动扶梯还必须考虑设置如下 10 套安全保护装置：

(1) 紧急制动的附加制动器

附加制动器在自动扶梯速度超过额定速度的 1.4 倍之前和在梯级、踏板改变其规定的运行方向时动作，利用摩擦原理使具有制动载荷的自动扶梯减速并保持静止状态。附加制动器在动作时还应切断控制电路(使用安全开关)，从而使工作制动器也同时动作。

(2) 超速保护装置

在自动扶梯或自动人行道超过额定速度 1.2 倍时动作，安全开关动作使自动扶梯或自动人行道停止运行。

(3) 梯级链异常保护装置

当梯级链过分伸长、缩短或断裂时，安全开关动作使扶梯断电停机。

(4) 梳齿异物保护装置

当有异物卡阻梳齿时，安全开关动作使扶梯断电停机。

(5) 扶梯带入口安全保护装置

当有异物进入扶梯带入口时，安全开关动作使扶梯断电停机。

(6) 梯级下沉保护装置

当发生支架断裂、主轮破裂、踏板断裂等现象时，安全开关动作使扶梯断电停机。

(7) 扶手带断带保护装置

当公共交通型自动扶梯、自动人行道的制造厂商没有提供扶手带载荷不小于 25kN 的证明时，则应设置一个安全开关，在扶手带断裂时，使扶梯断电停机。

(8) 围裙板间隙保护装置

当异物进入裙板与梯级之间的缝隙后，裙板发生变形，安全开关动作使扶梯断电停机。

(9)停止装置

在自动扶梯的出口、入口处，应设置易于接近的、红色的紧急停止装置。该装置为安全触点，并应能防止误动作。

(10)非操纵逆转保护装置

自动扶梯或倾斜式自动人行道，在梯级、踏板或胶带改变其规定运行方向时，应设置防逆转保护装置(通过安全开关)，使其自动停止运行。

在认识自动扶梯的安全保护方面，还必须深入地理解认识下面 3 个问题：

(1) GB 16899—1997《自动扶梯和自动人行道的制造与安装安全规范》，对附加制动器的完整要是求：

① 在下列任何一种情况下，自动扶梯和倾斜式自动人行道应设置一只或多

只附加制动器，该制动器直接作用于梯级、踏板或胶带驱动系统的非摩擦元件上(单根链条不能认为是一个非摩擦元件)；

A. 工作制动器和梯级、踏板或胶带驱动轮之间不是用轴、齿轮、多排链条、两根或两根以上的单根链条连接的；

B. 工作制动器不是符合 12. 4. 2 规定的机电制动器；

C. 起升高度超过 6m。

② 附加制动器应能使具有制动载荷的自动扶梯或自动人行道有效地减速停止，并使其保持静止状态。

③ 附加制动器应为机械式的(利用摩擦原理)。

④ 附加制动器在下列任何一种情况下均应有作用：

A. 在速度超过额定速度 1.4 倍之前；

B. 在梯级、踏板或胶带改变其规定运行方向时。

附加制动器在动作开始时应强制地切断控制电路。附加制动器没有必要采用如 12.4.2 中所述的制动器。

⑤ 如果电源发生故障或安全电路失电，允许附加制动器和工作制动器同时动作，但应使制停距离符合 GB 16899—1997 标准的 12.4.4.2 和 12.4.4.4 的要求。否则，两只制动器只允许在 GB 16899—1997 的 12.6.4 规定的情况下同步动作。

⑥ 附加制动器动作时，不要求保证为工作制动器所规定的制动距。

(2) 各种安全开关引发制动的执行原件是自动扶梯的工作制动器。

① 自动扶梯的制动器与曳引式电梯制动器的区别

曳引式电梯的制动，不允许产生过大的制动距离，向上和向下制停时的最大力矩一致，其制动轴不能承受径向附加载荷，因而 GB 7588 规定曳引式电梯只能使用机电式制动器。

自动扶梯的制动，允许产生一定的制动距离，向下的最大制停力矩要远远大于向上的制停力矩，其制动轴可以承受径向附加载荷，因而自动扶梯的制动器允许使用机电式除外的其他型式制动器，如最常见的带式制动器。

② 自动扶梯的制动要求

通常，自动扶梯制动器的制动能力用制动距离来衡量，标准要求，其在空载和有载向下允许的制停距离均应在如下的范围内：

额定速度/(m/s)	制动距离范围/m	额定速度/(m/s)	制动距离范围/m
0.50	0.20~1.00	0.75	0.35~1.50
0.65	0.30~1.30		

自动扶梯制动的试验载荷应按如下原则确定：

每个梯级的制动载荷按其名义宽度 z_1 来确定：

$z_1 \leq 0.6\text{m}$	60kg	$0.8\text{m} < z_1 \leq 1.1\text{m}$	120kg
$0.6\text{m} < z_1 \leq 0.8\text{m}$	90kg		

受载的梯级数量是由“提升高度除以最大可见梯级踢板高度”求得。

在试验时允许将总制动载荷分布在所求得的2/3的梯级上。

(3)“逆转”与“超速”的多重保护

从附加制动器的规定可知，附加制动器在下列任何一种情况下均应有作用：

① 在速度超过额定速度1.4倍之前；

② 在梯级、踏板或胶带改变其规定运行方向时。

附加制动器在动作开始时应强制地切断控制电路。附加制动器应为机械摩擦的型式，但没有必要采用如12.4.2中所述的制动器。

可见，附加制动器已经包含了“非操纵逆转保护装置”的保护功能，它不仅能够防止上行时的向下逆转，还能防止自动扶梯或倾斜式自动人行道在下行时的向上逆转。尽管附加制动器是一套独立的机械制动，但是它“在动作开始时强制地切断控制电路”，能够同时引发“工作制动器”的制动，因而附加制动器已完全覆盖了“非操纵逆转保护装置”的保护功能，但是自动扶梯的附加制动器是不能取代非操纵逆转保护装置的。也就是说，即使自动扶梯或倾斜式自动人行道，设置了符合规定的附加制动器，它仍须设置非操纵逆转保护装置。其实，自动扶梯在这里体现出了对“上行时的向下逆转”实施多重保护的思想。同样的道理，也不能因为自动扶梯或自动人行道设置了“在超过额定速度1.2倍时，安全开关动作使自动扶梯或自动人行道停止运行”的超速保护装置，而不去要求自动扶梯或自动人行道设置“应在速度超过额定速度1.4倍之前动作”的附加制动器。

见《中国电梯》2007·15期

3. 浅谈自动扶梯的检验

自动扶梯因其具有输送能力大、运行平稳、安全可靠等特点被广泛地应用于各种公共场所。然而，随着自动扶梯数量快速增长和广泛应用，与其相关的事故也频频发生。如将各类事故归纳整理，其中主要的类型有：坠落、碰撞、剪切、挤压、跌倒等。以下，笔者结合多年的检验工作实践与大家一起做个简单的探讨，有不当之处请批评指正。

(1) 验收检验应重点把握的几个问题

自动扶梯一般采用整体吊装的安装方式，新安装的自动扶梯受运输和安装过程的影响较小。自动扶梯安装后会与相邻的扶梯和周围的建筑物产生联系，我们应该重点检查自动扶梯的周围环境，自动扶梯与周围建筑物之间的尺寸。这些尺寸是否符合安全规范的要求，是决定扶梯安全运行的关键因素。因此，在验收检验中应该注意这些尺寸。

① 出入口区域的尺寸

《自动扶梯和自动人行道监督检验规程》(以下简称《检规》)4.2条规定：在自动扶梯或自动人行道的出入口应有充分畅通的区域以容纳乘客。该畅通区的宽度至少等于扶手带中心线之间的距离，其纵深尺寸至少为2.5m。如果该区宽度增至扶手带中心距的两倍以上，则其纵深尺寸允许减少至2m。

其目的是为了能及时地疏散乘客。一方面可以提高扶梯的输送效率，另一方面也可以避免乘客滞留拥堵造成踩踏或高空坠落等伤亡事故。

A. 净高度

《检规》4.3条中规定：自动扶梯的梯级或自动人行道的踏板或胶带上空，垂直净高度不应小于2.3m。

其目的一方面是为了防止可能发生的碰撞危险，另一方面是为了避免因高度过低使乘客感到压抑。

B. 扶手带与建筑物间的尺寸

《检规》4.4条中规定：如果建筑物的障碍会引起人员伤害，则应采取相应的预防措施。特别是在与楼板交叉处以及各交叉设置的自动扶梯或自动人行道之间，应在外盖板上方设置一个无锐利边缘的垂直防碰挡板，其高度不应小于0.3m(扶手带中心线与任何障碍物之间距离不小于0.5m的除外)。

其目的是当扶手带中心线与任何障碍物之间距离小于0.5m时，通过采取安全措施，防止乘客被建筑物的障碍物挤压、碰撞受伤。笔者从扶梯某使用单位的工作人员口中得知，一顾客手拿头盔扶在扶手带上，上行过程中头盔被卡在扶手带与楼板开口的交叉处，若是顾客头被卡住，后果不堪设想。

C. 扶手带与障碍物的距离

《检规》4.5条中规定：扶手带外缘与墙壁或其他障碍物之间的水平距离在任何情况下均不得小于80mm。

其目的是防止乘客的身体被扶手带外侧的物体挤伤。

D. 护栏高度

扶梯出入口区域内如果有发生跌落危险的位置应设置护栏，《检规》中对这一方面没有明确的要求，但是扶梯的出入口区域是事故的多发区，所以防护栏设置是非常重要的，笔者在检验中参考GB 50352—2005《民用建筑设计通则》中的规定：

a. 栏杆应以坚固、耐久的材料制作，并能承受荷载规范规定的水平荷载；

b. 临空高度在24m以下时，栏杆高度不应低于1.05m，临空高度在24m及24m以上(包括中高层住宅)时，栏杆高度不应低于1.10m；

注：栏杆高度应从楼地面或屋面至栏杆扶手顶面垂直高度计算，如底部有宽度大于或等于0.22m，且高度低于或等于0.45m的可踏部位，应从可踏部位顶面起计算。

c. 栏杆离楼面或屋面0.10m高度内不宜留空；

d. 住宅、托儿所、幼儿园、中小学及少年儿童专用活动场所的栏杆必须采用防止少年儿童攀登的构造，当采用垂直杆件做栏杆时，其杆件净距不应大于0.11m；

e. 文化娱乐建筑、商业服务建筑、体育建筑、园林景观建筑等允许少年儿童进入活动的场所，当采用垂直杆件做栏杆时，其杆件净距也不应大于0.11m。

在标准的说明中有如下要求：少年儿童生性好动，容易翻越栏杆，故他们活动场所一律不应低于1.1m。

E. 相邻两台扶梯扶手带之间的间距

《检规》4.6条中规定：对相互邻近平行或交错设置的自动扶梯，扶手带的外缘间距离至少为120mm。

其目的是防止两台扶梯在运行中产生相互干扰。

F. 扶手装置的防翻越

GB 16899—1997《自动扶梯和自动人行道的制造与安装安全规范》(以下简称《规范》)5.1.52条：扶手装置应没有任何部位可供人员站立，应采取措施阻止人们翻越扶手装置，以免除跌落的危险。

一般在自动扶梯较下边的站立区段，扶手装置有可能被翻越，而在较上边的区段扶手装置可以防止翻越，因此在较下边区段内应防止扶手装置被翻越。例如，可通过设置光滑的扶手装置外盖板，或设立与扶手装置并行的栏杆，或设置垂直于扶手装置的附加护架。

其目的主要是为了防止人员沿扶手装置外侧往上攀爬而发生跌落、剪切或挤压的危险。

(2) 定期检验应该重点把握的几个变化

自动扶梯投入使用后，由于使用单位装修或场地布局改变、设备部件磨损和松弛以及维修保养等原因，会造成扶梯原有的一些尺寸发生变化。这些变化使扶梯产生一定的安全隐患，定期检验中应该重点把握。

① 扶手带与建筑物或障碍物之间距离的变化

首先，应注意扶手带中心线与建筑物的距离是否有减小到0.5m的情况。检验中我们发现有些商场在装修时在扶梯两侧加装广告灯箱等设施，有些设施还有锐利的边角，存在碰撞和刮伤乘客的危险。这时应采取有效的防护措施或拆除障碍物。笔者所在省的省会城市曾经发生过一起广告灯箱将乘客头皮撕裂的事故，该顾客头部缝了十六针。

其次，应注意任何情况下扶手带外侧都必须保持不小于 80mm 的空间距离。例如，有些商场为了促销，在扶手带两侧设置货架，使扶手带外缘与障碍物距离小于 80mm，发生挤伤乘客手指的事故。

② 出入口区域的尺寸变化

有些单位在扶梯出入口放置柜台或物品，出入口区域的尺寸不满足《检规》4.2 条的要求，导致出入口拥堵，存在安全隐患。

③ 梯级与围裙板间隙和与梳齿板间隙的变化

扶梯经过一段时间的使用后，由于围裙板变形或梯级牵引链条松弛等原因会出现梯级与围裙板间隙变化或梯级运行时左右晃动量增大等现象。此时梯级与围裙板的间隙不能满足《检规》5.7 条中任何一侧的水平间隙不应大于 4mm，在两侧对称位置处测得的间隙总和不应大于 7mm 的要求。容易发生将乘客的鞋、裤子、裙子等夹入梯级与围裙板之间的情况，造成伤害。

相类似的情况，当出现梳齿板梳齿与踏板面齿槽的啮合深度小于 6mm，或间隙超过 4mm，或梳齿缺损时，可能会发生梯级表面与梳齿板之间的间隙夹入乘客脚的情况。所以定期检验中应该注意这些尺寸的变化，防止发生这种剪切、挤压的事故。

④ 扶手带的松紧变化

在定期检验中扶手带松弛也是比较常见的现象。如果扶手带的运行速度与梯级运行的速度偏差超过了《检规》要求的 0～+2%时，会使乘客握住扶手带的手和站立在踏板上的脚产生相对位移，这时乘客可能会因为紧张继续抓住扶手带而导致失去平衡跌倒在扶梯上。所以检验中应按照《检规》中检验方法的要求仔细测量并计算偏差，检查是否符合要求。

⑤ 安全保护开关的位置变化

在对安全保护开关检验时，不仅要试验开关是否有效，更主要的是应注意其动作机构和开关的位置是否能保证发生异常情况时保护开关可靠动作。在检验中就经常遇到由于更换保护开关或开关松动等原因使保护开关位置发生变化，而造成开关不能可靠动作的情况。这种情况下如果检验人员只是简单地搬动一下开关就认为有效，结果是很有可能会放过一个故障或事故的隐患。因此，在检验过程中应尽量地模拟异常变化时的状态，如不好实现，也应该仔细观察开关的位置，看是否能保证开关可靠地动作，并检查开关固定是否牢固，这样才能有效地预防故障或事故的发生。笔者邻近地市的某县曾经发生过一起死亡事故，一小女孩头部被夹带到扶梯扶手带入口处，由于扶手带入口部分与地面间隙过小，而且扶手带入口保护开关未动作，造成小女孩头部被严重挤压致死。

(3) 结语

按照《检规》及《规范》的要求，扶梯在监督检验中要检测的项目很多，如果能够把握检验中的重点项目，将会有效地提高工作效率，甚至能达到事半功倍的效果。

见《中国电梯》2009 · 9 期

4. 关于自动扶梯的两个问题

摘　要　本文讨论了在主驱动上广泛使用的双排链的问题，指出了双排链尽管可以使用，但必须设置附加制动器以及自动监控装置；还探讨了驱动装置与转向装置之间的距离(无意性)伸长或缩短，厘清了与之相关联的保护问题，明晰了 TSG T7005—2012 的 6.5 项和 6.6 项的内容。

关键词　双排链；附加制动器；自动监控装置；TSG T705—2012 的 6.5 项和 6.6 项

(1) 双排链的使用问题

GB 16899—2011 的 5.4.1.3.1 规定：工作制动器与梯级、踏板或胶带驱动装置之间应优先采用非摩擦传动元件，例如轴、齿轮、多排链、两根或两根以上的单排链。如果采用摩擦元件，例如，三角传动皮带(不允许使用平皮带)，应采用一个符合 5.4.2.2 规定的附加制动器。

显然，双排链并不在这个工作制动器与梯级、踏板或胶带驱动装置之间连接的优先推荐之列，只是在允许使用的范围内，大致与摩擦传动元件三角皮带并列而已。可能有人会说，双排链是不是已经归在了多排链之中呢？答案是否定的。我们不妨先从 GB 16899 的韵意来推敲，就在同一条款中该标准在表述单排链时，用了两根单排链或两根以上的单排链的概念，由此可见，“两个不算多，三个以上才称多”。那么，双排链也就算不到多排链之中了。其实，GB/T 9785—2007《链条链轮术语》已经给出明确的定义：多排链是含有三排或三排以上并列滚子(或滚筒)的链条。

尽管自动扶梯和自动人行道允许使用双排链，但是下面两个问题必须予以明确和解决。

一是，采用双排链必须设置附加制动器

GB 16899—2011 的 5.4.2.2 附加制动器的 a) 条款是这样规定的：工作制动

器与梯级、踏板或胶带驱动装置之间不是用轴、齿轮、多排链或多根单排链连接的，必须设置附加制动器。

显然，双排链连接并是不在免设置之列。因此在工作制动器与梯级、踏板或胶带驱动装置之间虽然允许采用双排链进行连接，但必须设置附加制动器。

二是，采用双排链须设置自动监控装置

虽然在工作制动器与梯级、踏板或胶带驱动装置之间可以选用轴、齿轮、多排链、两根或两根以上的单排链中的任何一种。但是如果在轴、齿、链三个类型中选用了非刚性的“链条传动”，还必须设置一个自动监控装置。

GB 16899—2011 在 5.1 的总则中明确规定，对于本标准未涉及的相关但非重大危险，应按照 GB/T 15706.2 的原则进行设计；而 GB/T 15706.2 的 4.11.6 在自动监控的使用规定中有着明确的要求。原文是：

自动监控的使用用以确保由保护措施执行的安全功能，即使在执行该功能的某零部件或元件的功能被削弱，或因过程条件变化产生危险时，其功能不会失效。

在下一次安全功能启动之前，自动监控既可以瞬时监控故障又可以周期性检测故障。在这两种情况下，保护措施均可立即启动或延迟到特定事件发生时再启动(例如机器循环开始的时候)。

这些保护措施可以是，例如：

——危险过程的停止；

——对失效引发首次停止，防止其重新启动；

——报警的触发。

因此为了防止“零部件或元件的功能被削弱”，在主驱动上采用了非刚性的“链条传动”的，无论是多排链还是多根单链(更不别说双排链)都应设置一个自动监控(必要时还需考虑设置张紧装置)。该监控装置还必须能够及时地触发扶梯的制动器以及可能设置的附加制动器，以实现对主驱动链的无意伸长的保护。

主驱动链的无意伸长包含下列几种形式：

A. 主驱动链磨损。链条之间的过度磨损造成驱动的伸长。

B. 主机位移。主机位移以后，主驱动链松弛。

C. 主驱动链断裂。

D. 主驱动链脱落。

(2) 驱动元件保护与驱动装置的距离保护的问题

GB 16899—2011 表 6 中的 e)：直接驱动梯级、踏板或者胶带的元件(例如链条活动齿条)断裂或者过分伸长，应防止启动。TSG T7005—2012 用 6.5 项表述，我们称之为驱动元件保护。

表6中的f)：驱动装置与转向装置之间的距离(无意性)伸长或缩短(应保护)。TSG T7005—2012用6.5项表述，我们称之为驱动装置的距离保护。

因为GB 16899—2011对f)中的在驱动装置与转向装置之间的距离保护未做出明确的指认，于是在理解上产生了一些混乱，尽管TSG T7005—2012给出非常明确的解释，即：驱动元件保护是驱动装置与转向装置之间的距离的一种形式。但还是许多人坚决地不这么认为，他们认为距离是指电动机、减速箱、制动器等组成的驱动装置与驱动主轴链轮之间的距离。其理由是主驱动链(俗称大链)需要保护，北京地铁口扶梯事故正是这个保护失效而发生的典型案例；既然是指同一套保护，何必又要分成6.5和6.6两个项目呢？

笔者反反复复阅读GB 16899—2011标准的原文，发现要想从标准的意涵上直接明确出其指向，还真是比较烧脑的，但是经过一番仔细深入的研读，笔者更倾向于检验规则的解释。

首先，GB 16899—2011在驱动主机章节中根本没有涉及距离规定的问题，也未曾提及保护的问题。而持异议者所认为的电动机、减速箱、制动器等组成的驱动装置与驱动主轴链轮之间的距离，却几乎是固定不变的。如果非要说该距离可以有变化，或许只有缩短的可能，断无伸长的变化，这与6.6项表述的缩短与伸长的要求，并不相符合。

至于主驱动链(俗称大链)无意伸长保护，那是交由其自动监控保护来解决的，与这个距离规定无关系。至于北京地铁口扶梯因主机地脚螺栓断裂发生移位而导致的事故，那也只能交给检查检验去发现了。因为一经采用了无限设计的原则，就再也不能为了追求绝对安全而没完没了地保护下去！

其次，TSG T7005—2012检验规则表述的位于驱动站内的梯级、踏板或者胶带的驱动装置与位于转向站内的转向装置之间的距离，在GB 16899—2011中有着明确的要求，并且确实还有伸长和缩短之分。

GB 16899—2011的5.4.3.3规定：链条应能连续张紧。在张紧装置的移动超过±20mm之前，自动扶梯和自动人行道应自动停止运行。这与表6的f)：驱动装置与转向装置之间的距离(无意性)伸长或缩短(应有保护)，完全一致。

TSG T7005—2012检验规则所表述的驱动装置与转向装置之间的距离伸长确实存在，毫无异议；那么，该距离到底有没有缩短的情形呢？有，确实有。

GB 16899—2011在4.8运行期间断裂或破裂产生的危险中指出：

即使自动扶梯或者自动人行道是按照标准的要求设计，仍可能因下列原因导致特殊的危险：

——大于规定的使用者和结构载荷作用于桁架上；

——大于规定的载荷作用于扶手装置上；

——因为不可预见的误用导致大于规定的载荷作用于梯级或踏板上；

——大于规定的载荷作用在驱动装置上。

如果在上述大于规定的载荷作用于梯级或踏板上时，譬如某大楼一气瓶从高空坠落砸在了梯级或踏板上，就导致了驱动装置与转向装置之间距离缩短的问题。

(3) 6.5 项和 6.6 项确实是两个不同的概念，

无论是从内涵上还是外延上讲，驱动元件保护与驱动装置的距离保护都是不尽相同的，理应分开表述。今天，这两套保护装置合二为一，但也完全可以分开设置。历史上会不会就有分开设置的？

见《中国电梯》2021·13 期

二、思考 28 题

1. 制造许可证明文件

【监督检验工作指引】

(1) 根据《市场监管总局关于特种设备行政许可有关事项的公告》(2019 第 3 号)附件四的规定，自动扶梯与自动人行道的许可参数不分级，按照型式试验证书覆盖相应产品。

(2) 查看该证明文件是否在有效期内。

(3) 该项目在自动扶梯与自动人行道安装施工前审查。一般在报检时检验机构业务受理部门也要审查，如不符合要求，应提出整改要求。

【参考做法】

根据国家市场监督管理总局 2014 年第 114 号公告，《特种设备目录》中自动扶梯与自动人行道的代码、类别、品种如表 13-1 所示。

表 13-1　2014 版《特种设备目录》

代码	类别	品种
3300	自动扶梯与自动人行道	
3310		自动扶梯
3320		自动人行道

“设备代码”栏可以按产品质量证明文件(即出厂合格证)填写，如果产品质量证明中未标明设备代码，可以按照表 13-1 中的“代码”进行填写；

“设备名称”栏可以按产品质量证明文件填写，如：“公共交通型室外自动扶梯”；

“设备类型”栏填写表 13-1 中的“品种”；

“设备型式”栏填写表 13-1 中的“类别”。

2. 整机型式试验证书

【常见事例】

（1）对于在 2018 年 1 月 1 日前告知或者已经备案的设备，只要有倾斜角为 30°自动扶梯型式试验证书，可以生产倾斜角为 35°的自动扶梯。对于在 2018 年 1 月 1 日后告知的设备，倾斜角为 30°自动扶梯型式试验证书，不可以覆盖倾斜角为 35 °的自动扶梯。

（2）由于在 GB 16899—2011 中对于公共交通型自动扶梯和自动人行道的定义只有两个条件，一个是运输能力，一个是公共交通的一部分，没有将扶手装置的护壁板作为一个判定依据，所以允许公共交通型自动扶梯和自动人行道采用玻璃作为护壁板。

【特例】

按 TSG T7001—2023 要求，整机型式试验应当在制造单位或者型式试验机构的试验井道或试验场地内进行，所以一般不允许使用现场进行型式试验。但对于提升高度 H>12m 的自动扶梯或使用区段长度 L>60m 的自动人行道，或者仅为单个项目使用结构特殊的电梯，确需在使用现场进行整机试验时，允许在使用现场进行型式试验。对此特殊情况，制造单位应向使用单位明示且征得使用单位书面同意后向型式试验机构提出申请，经型式试验机构书面确认后，持特种设备许可证明或特种设备行政许可受理决定书（复印件加盖申请单位公章）按照规定办理施工告知，方可在使用现场安装 1 台型式试验所需样机。

3. 产品质量证明文件

【参考做法】

（1）由于 GB 16899—1997《自动扶梯和自动人行道制造与安装安全规范》（以下简称 GB 6899—1997）与 GB 16899—2011 将输送能力分别定义为理论输送能力和最大输送能力，因此，按 GB 16899—2011 生产的自动扶梯与自动人行道，产品质量证明文件（出厂合格证）的最大输送能力应符合 GB 16899—2011 中附录 H. 1（见表 5-4），对于该表中没有参数的自动扶梯与自动人行道最大输送能力应由制造厂参考邻近参数自行规定。如名义速度为 0. 45m/s，梯级宽度为 1000mm 的自动扶梯最大输送能力可由制造厂自行规定，但不能超过 6000 人/h。表 13-2 为最大输送能力。

表 13-2 最大输送能力

梯级或踏板宽度 z_1/m	名义速度 v/(m/s)		
	0.5	0.65	0.75
0.60	3600 人/h	4400 人/h	4900 人/h
0.80	4800 人/h	5900 人/h	6600 人/h
1.00	6000 人/h	7300 人/h	8200 人/h

注 1：使用购物车和行李车时(见附录 D)将导致输送能力下降约 80%。

注 2：对踏板宽度大于 1.00m 的自动人行道，其输送能力不会增加，因为使用者需要握住扶手带，其额外的宽度原则上是供购物车和行李车使用的。

(2) 在定期检验时，对于按 GB 16899—1997 生产的自动扶梯与自动人行道，检验报告结论页的“输送能力”栏填写原产品质量证明文件(出厂合格证)上的“理论输送能力”，如果找不到原产品质量证明文件(出厂合格证)，或是产品质量证明文件(出厂合格证)没有该参数，“理论输送能力”可按下列公式计算：

$$C_1=v/0.4\times3600k$$

式中 C_1——理论输送能力，人/h；

v——额定速度，m/s；

k——系数。

对常用的宽度 k 值为：

当 $z_1=0.6$m 时，$k=1.0$；

当 $z_1=0.8$m 时，$k=1.5$；

当 $z_1=1.0$m 时，$k=2.00$

4. 自动扶梯的移装

【检验工作指引】

(1) 根据《市场监管总局关于调整〈电梯施工类别划分表〉的通知》(国市监特设函[2019]64 号)的规定，电梯的安装包括移装。因此自动扶梯或者自动人行道的移装需要按照安装的要求实施监督检验，同时满足检规中的所有要求。

(2) 根据《特种设备安全监察条例》第十七条第二款“电梯的安装、改造、修理，必须由电梯制造单位或者其通过合同委托、同意的依照本条例取得许可的单位进行”的要求，如果对电梯实施安装、改造、修理的施工单位(有相应的许可)不是电梯制造单位，那么施工单位应获得电梯制造单位的委托，并签订委托合同，且应提供制造单位出具的自检报告。

(3) 根据 2014 年 1 月 1 日实施的《特种设备安全法》第二十二条“电梯的安

装、改造、修理，必须由电梯制造单位或者其委托的依照本法取得相应许可的单位进行”，在《中华人民共和国特种设备安全法释义》中解释了《特种设备安全法》第二十二条所述“电梯制造单位”是指原电梯制造单位。但是对于在用电梯的改造、修理，如原制造单位已经不存在，或者原制造单位不再具有相应资格，没有能力进行改造、修理的，电梯产权单位可以选择取得相应资格的单位进行。对于改造的，由于原电梯结构、技术参数已经发生改变，应当按照安全技术规范的要求增加改造铭牌，并由实施电梯改造的单位对改造部分的质量和安全性能负责。对于修理的，由实施修理的单位对电梯修理部分的质量和安全性能负责，原制造单位仅对制造所涉及的质量和安全问题负责。为做好《特种设备安全法》第二十二条的实施和平稳过渡，使电梯制造、安装、改造、修理及使用单位能够调整相关经营策略和质量保证体系，按照“新梯新办法，老梯老办法”的原则，《特种设备安全法》实施日（2014 年 1 月 1 日）之后安装、投入使用的新电梯，必须遵守《特种设备安全法》第二十二条的规定；之前已经投入使用的电梯，仍可延续以往的工作方式。

5. 安装许可证和告知书

【监督检验工作指引】

（1）查看所提供的安装许可证是否能完全覆盖所施工自动扶梯与自动人行道的相应参数和品种，根据《市场监管总局关于特种设备行政许可有关事项的公告》（2019 第 3 号）附件四的规定，自动扶梯与自动人行道制造和安全不分级。

（2）查看安装许可证是否在有效期内。

（3）查看安装告知书（告知单），对用快递、邮寄、传真以及网络或电子邮件等形式的告知书，应打印输出，并存档备查。

（4）该项目在自动扶梯与自动人行道安装施工前审查，必要时进行现场核对。一般在报检时检验机构业务受理部门也要审查，如不符合要求应判定其不符合要求。

【参考做法】

（1）安装单位必须与告知单位一致。原则上安装合同上的安装单位也应与告知书一致，允许由总公司签订安装合同委托有相应安装资质的分公司安装，如果委托给有相应安装资质的其他公司安装，应有经使用单位确认的委托书，即委托书要有委托方、被委托方签字、盖章，如果安装合同中没有明确运行安装单位委托第三方进行安装，还需要使用单位签字、盖章。

（2）施工单位应与告知单位、安装许可证一致。

（3）以报检日期来判断安装许可证是否在有效期内。

6. 自动扶梯与自动人行道施工类别划分

（1）根据《市场监管总局关于调整〈电梯施工类别划分表〉的通知》（国市监特设函〔2019〕64号）的要求，原《电梯施工类别划分表（修订版）》（国质检特〔2014〕260号）已作废，自2019年6月1日起电梯的施工类别按照表13-3进行调整。

表13-3 电梯施工类别划分表

施工类别	施工内容
安装	采用组装、固定、调试等一系列作业方法，将电梯部件组合为具有使用价值的电梯整机的活动；包括移装
改造	1. 改变电梯的额定（名义）速度、额定载重量、提升高度、轿厢自重（制造单位明确的预留装饰重量或累计增加/减少重量不超过额定载重量的5%除外）、防爆等级、驱动方式、悬挂方式、调速方式或控制方式。（注1） 2. 改变轿门的类型、增加或减少轿门。 3. 改变轿架受力结构、更换轿架或更换无轿架式轿厢
修理	修理分为重大修理和一般修理两类。 1. 重大修理包括： （1）加装或更换不同规格的驱动主机或其主要部件、控制柜或其控制主板或调速装置、限速器、安全钳、缓冲器、门锁装置、轿厢上行超速保护装置、轿厢意外移动保护装置、含有电子元件的安全电路、可编程电子安全相关系统、夹紧装置、棘爪装置、限速切断阀（或节流阀）、液压缸、梯级、踏板、扶手带、附加制动器。（注2） （2）更换不同规格的悬挂及端接装置、高压软管、防爆电气部件。 （3）改变层门的类型、增加层门。 （4）加装自动救援操作（停电自动平层）装置、能量回馈节能装置等，改变电梯原控制线路的。 （5）采用在电梯轿厢操纵箱、层站召唤箱或其按钮的外围接线以外的方式加装电梯IC卡系统等身份认证方式。（注3） 2. 一般修理包括 （1）修理或更换同规格不同型号的门锁装置、控制柜的控制主板或调速装置。（注4） （2）修理或更换同规格的驱动主机或其主要部件、限速器、安全钳、悬挂及端接装置、轿厢上行超速保护装置、轿厢意外移动保护装置、含有电子元件的安全电路、可编程电子安全相关系统、夹紧装置、限速切断阀（或节流阀）、液压缸、高压软管、防爆电气部件、附加制动器等。 （3）更换防爆电梯电缆引入口的密封圈。 （4）减少层门。 （5）仅通过在电梯轿厢操纵箱、层站召唤箱或其按钮的外围接线方式加装电梯IC卡系统等身份认证方式

续表

施工类别	施工内容
维护保养	为保证电梯符合相应安全技术规范以及标准的要求，对电梯进行的清洁、润滑、检查、调整以及更换易损件的活动；包括裁剪、调整悬挂钢丝绳，不包括上述安装、改造、修理规定的内容。 更换同规格、同型号的门锁装置、控制柜的控制主板或调速装置，修理或更换同规格的缓冲器、梯级、踏板、扶手带，修理或更换围裙板等实施的作业视为维护保养

注1：改变电梯的调速方式是指：如将乘客或载货电梯的交流变极调速系统改变为交流变频变压调速系统；或者改变自动扶梯与自动人行道的调速系统，使其由连续运行型改变为间歇运行型等。

控制方式是指：为响应来自操作装置的信号而对电梯的启动、停止和运行方向进行控制的方式，例如：按钮控制、信号控制以及集选控制(含单台集选控制、两台并联控制和多台群组控制)等。

注2：规格是指：制造单位对产品不同技术参数、性能的标注，如：工作原理、机械性能、结构、部件尺寸、安装位置等。

驱动主机的主要部件是指：电动机、制动器、减速器、曳引轮。

注3：电梯IC卡系统等身份认证方式包括但不限于密码、磁卡、移动支付、指纹、掌形、面部、虹膜、静脉等。

注4：型号是指：制造单位对产品按照类别、品种并遵循一定规则编制的产品代码。

（2）国市监特设函〔2019〕64号文区分施工性质，主要看是否有改变原自动扶梯与自动人行道主要受力结构、机构(传动系统)或控制系统，是否有改变自动扶梯与自动人行道性能参数与技术指标。

① 由于型号是指制造单位对产品按照类别、品种并遵循一定规则编制的产品代码，所以改变电梯安全部件的型号并不一定会改变该自动扶梯与自动人行道安全部件的技术参数、性能指标，所以国市监特设函〔2019〕64号文不以是否改变电梯安全部件型号，而是以是否改变自动扶梯与自动人行道安全部件规格来区分施工类别。对于不同厂家生产的部件，虽然型号可能相同，也应视为不同型号。

② 自动扶梯与自动人行道的主要参数包括名义(额定)速度、提升高度(使用区段长度)、倾斜角、调速方式以及控制方式等。改变调速方式是指改变自动扶梯与自动人行道的调速系统，使其由连续运行型改变为间歇运行型等。

③ 控制柜相当于电梯的大脑，驱动主机相当于电梯的心脏，所以更换控制柜、曳引机及其主要部件(如电动机、制动器、减速器)要比更换普通的安全部件要求更严格。

④ 根据国市监特设函〔2019〕64号文区分各施工类别。

以下活动属于改造：

① 改变自动扶梯与自动人行道性能参数与技术指标，即改变名义(额定)速度、提升高度(使用区段长度)、倾斜角、防爆等级、驱动方式、调速方式属于改造；

② 将自动扶梯与自动人行道由连续运行改变为自动启停、变速运行，反之亦然。

以下活动属于重大修理：

① 加装或更换不同规格的驱动主机、控制柜、含有电子元件的安全电路、可编程电子安全相关系统、夹紧装置、棘爪装置、梯级、踏板、扶手带、附加制动器等安全部件；

② 更换同规格的控制柜，或者更换控制柜中不同规格的控制主板和调速装置。

以下活动属于一般修理：

① 更换同规格的驱动主机，更换驱动主机上同规格的电动机、制动器、减速器等主要部件；

② 修理和更换控制柜中同规格的控制主板和调速装置；

③ 修理和更换同规格的驱动主机、含有电子元件的安全电路、可编程电子安全相关系统、附加制动器等安全部件；

以下活动属于维护保养：

① 对自动扶梯与自动人行道进行的清洁、润滑、检查、调整以及更换易损件的活动；

② 更换同规格、同型号的梯级、踏板、扶手带、围裙板、控制柜的控制主板和调速装置等。

【常见事例】

（1）修理和更换控制柜：①如果没有改变自动扶梯与自动人行道主要参数，只是更换控制柜中同规格的控制主板、调速装置等零部件，可视为维护保养。②如果不改变自动扶梯与自动人行道的主要参数，更换了由原整机制造厂生产的同规格的控制柜，或者更换控制柜中不同规格的控制主板和调速装置，可视为一般修理。③如果不改变自动扶梯与自动人行道的主要参数，更换不同规格的控制柜，或者改变自动扶梯与自动人行道的调速系统，使其由连续运行型改变为自动启停、变速运行(反之亦然)等都应视为重大修理。如果更换不同规格的控制柜，还应提供相应规格、型号的型式试验合格证书或者报告。④如果自动扶梯与自动人行道的控制系统本来有自动启停或变速运行等功能，在新安装监督检验时没有启用，后期启用该功能，由于不需要改变自动扶梯与自动人行道的调速系统，所以可以按照维护保养处理。⑤改变自动扶梯与自动人行道的主要参数，均属于改造。

（2）修理和更换曳引机及电动机、制动器、减速器等主要部件。①更换同规格的驱动主机，或者更换驱动主机上同规格的电动机、制动器、减速器等主要部件，应视为一般修理。允许更换不同品牌、不同型号的驱动主机及其主要部件，但规格如减速器的结构、齿轮比，制动器的结构、行程、工作电压，电动机的形式、功率等应与原来一致。如果更换不同品牌、不同型号的驱动主机还应提供相应驱动主机的型试试验合格证书或者报告。②更换不同规格的驱动主机，或者更换驱动主机上不同规格的电动机、制动器、减速器等主要部件，应视为重大修整。

（3）用可编程电子安全相关系统(PESSRAE)代替安全触点等属于重大修理。

（4）由于部分在1998年2月1日前制造的自动扶梯，其工作制动器和梯级、踏板或胶带驱动装置之间采用单排链连接且没有附加制动器，不符合TSG T7005中6.13的定期检验要求而要进行整改，因此，需将工作制动器和梯级、踏板或胶带驱动装置之间改为多排链或多根单排链连接，或者加装附加制动器。将单排链连接更改为多排链相当于改变驱动主机的规格属于重大修理作业，加装附加制动器属于重大修理作业。

【参考做法】

（1）对重大修理进行监督检验时需要查验告知书，一般修理不需要进行监督检验，只需要在定期检验时进行确认即可。由于各个监察部门对一般修理的告知要求不统一，部分地区实施一般修理时也不需要告知。

（2）如果属于重大修理(改造)行为，但施工单位没有申报重大修理(改造)监督检验，而只是申报定期检验，则应判TSG T7005中1.4项不合格(使用登记资料与实物不符)，并选填《特种设备检验意见通知书》(一)(二)两项，终止检验流程。施工单位应履行告知及重新申报重大修理(改造)监督检验手续。

（3）考虑到实际情况需要，用适用范围大的部件代替原适用范围小的部件的施工性质视具体情况而定。例如，由于使用条件限制等原因，使用单位要求降低自动扶梯或自动人行道名义(额定)速度、取消自启停(变速)功能等，可以按维护保养处理。

7. 年度自行检查记录或者报告

（1）年度自行检查工作应由维护保养单位实施，维护保养单位应建立每台电梯的维护保养记录，及时归入电梯安全技术档案，并且至少保存4年。

（2）年度自行检查记录或者报告的内容根据使用状况而定，但是不少于TSG T7005附件C规定的42个项目和TSG T5002附件D规定的63个项目，以及与这些项目相关的内容，且应有电梯自检人员和审核人员的签名、加盖维护保养单位公章或者其他专用章。

（3）建议将TSG T7005附件C规定的42项与TSG T5002附件D规定的63项

整合在一份记录或报告上。也允许分开提交，但该年度自行检查表并不是指半个月一次的日常电梯维护保养记录表。

(4) 上述记录或报告不完善，除判本项不合格外，还应在《特种设备检验意见通知书》中，选填第(一)项，“施工(维护保养)单位的施工过程记录或者日常维护保养记录不完整。”

(5) 如果要求测试数据项目的检验结果与自检结果存在多处较大偏差，或者其他项目的自检结果与实物状态不一致，质疑相应单位自检能力时，还应在《特种设备检验意见通知书》中选填第(三)项。

(6) 检验机构应将维护保养单位提供的年度自行检查记录或者报告存档。

(7) 复检时，施工单位应重新提交自检记录或报告。应急救援演习记录，对于以电梯作为经营工具或者在公共聚集场所使用30台以上(含30台)电梯的使用单位，每年至少进行一次应急救援演习，并做好记录。使用单位应有自动扶梯与自动人行道运行故障和事故记录。

(8) 使用单位发生变更时，安全技术档案应同时移交。

【参考做法】

(1) 对于1.1、1.2、1.3所述文件资料缺失的处理。

① 对于2012年7月1日之前告知安装的设备，缺少TSG T7005中1.1、1.2、1.3所述文件资料，填写《特种设备检验意见通知书》第(四)项，但不作为本项结论的否决内容。

② 对于2012年7月1日之后告知安装的设备，缺少TSG T7005中1.1、1.2、1.3所述文件资料，判本项不合格。

(2) 年度自行检查记录或者报告。

① 当结果错误或实测数据与自检结果数据偏差超过±10%时，则可判定为“较大偏差”。

② 当自检结果与实物状态不一致或者实测数据与自检结果存在3处以上(含3处)较大偏差时，选填《特种设备检验意见通知书》中第(三)项。

8. 电气绝缘

【检验工作指引】

(1) 因其存在烧坏电子线路的风险，因此要求由施工或者维护保养单位测量，检验人员现场观察、确认，检验人员应尽量避免直接参与绝缘电阻的测试。

(2) 绝缘电阻的测量应在被测装置与电源隔离的条件下，在电路的电源进线端进行。如该电路中包含有电子装置，测量时应将电子装置并联(旁路电子装置)，然后测量其对地之间的绝缘电阻，以确保对电子器件不产生过高的电压，防止其被击穿损坏。由于断电时接触器或继电器的触点是处于断开的状态，导致控制柜内的部分测量端子被隔离，因此测量时要人为使安全及门锁回路接触器闭合。

（3）测试前，应检查仪表接地端对地的连通性。先测量确定接地端与金属结构是否通零后，再将兆欧表一表笔(一般为 E 端)固定在接地端，用另一表笔(一般为 L 端)测量。

（4）动力电路应测量电动机绕组，不要测电源开关下端，如果电动机绕组不易测量，可测与其直接连通的热继电器或过载保护器输出端子。

【注意事项】

（1）绝缘电阻表在测试时，其表针带有高压，应小心不要触及表针，防止二次伤害，特别是在高处做绝缘测试。

（2）测量完成后，须检查被测装置是否已恢复原状。

【说明解释】

TSG T7001 要求对于≤500V 的电路其绝缘电阻≥1. 00MΩ，而 TSG T7001 中要求>0. 50MΩ，这并不是说自动扶梯或自动人行道的要求比曳引式电梯要求高，而是因为 GB 7588 为 2003 版，GB 16899 为 2011 版，在 2003 年至 2011 年间 IEC 关于电气绝缘的标准发生了变更，对于≤500V 的电路其绝缘电阻要求≥1. 00MΩ。GB/T 7588. 1—2020 中，已经根据该要求修改为>1. 00MΩ 了。

9. 接触器的电源保护

（1）对于交流或直流电动机由电源直接供电的自动扶梯或自动人行道才有此要求，对于电动机是由静态元件供电和控制时应符合 2. 11. 2 的要求。

① 看电气原理图检查接触器的独立性，如果为非静态元件供电和控制，一般应至少有上行、下行、启动等三个接触器，要分别进行验证。

② 正常启动自动扶梯或自动人行道，人为分别按住其中一个主接触头不释放，然后动作停止开关，电动机及制动器应断电且有效制停，再次启动应不能运行。检修运行重复上述试验。

【常见事例】

（1）图 13-1 所示是某型号自动扶梯接触器的电源保护线路图，SX 是三角形接线法启动接触器，XX 是星形接线法正常运行接触器，S 是向上运行接触器，X 是向下运行接触器，检验时要分别检证 S、X. XX、SX 四个接触器的独立性及是否有防粘连保护。

（2）图 13-2 所示是某电梯有限公司早期 SEE 系列自动扶梯动力回路线路图，切断电动机的电源只由一个接触器，检验时应注意。

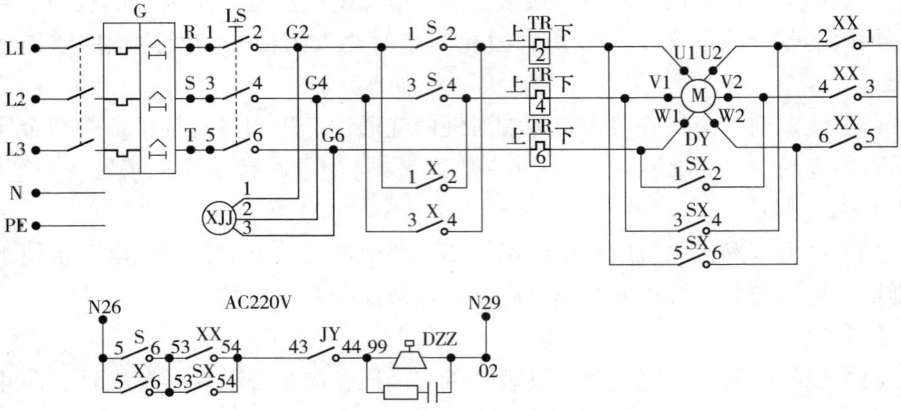

图 13-1　接触器的电源保护线路图

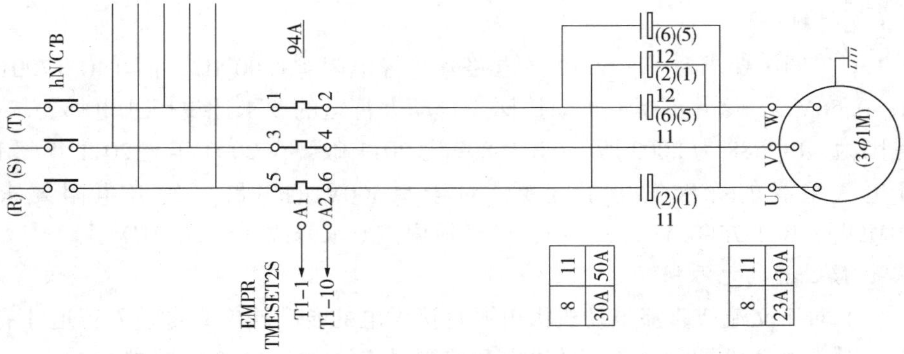

图 13-2　切断电动机的电源只由一个接触器

【参考做法】

虽然 TSG T7001 没有关于驱动主机制动器的检验项目，但考虑到制动器的重要性，建议参照国质检锅〔2002〕360 号《自动扶梯和自动人行道监督检验规程》，检验制动系统供电的中断是否有两套独立的电气装置来实现，这些装置是否可以中断驱动主机的电源，如自动扶梯或自动人行道停车以后，这些电气装置中的任一个还没有断开，应不能重新启动。

10. 紧急停止装置

【检验工作指引】

根据 GB 16899—2011 中 7.2.1.2.2 的要求，紧急停止开关应为红色，并在该装置上或紧靠着它的地方标上“停止”字样。紧急停止开关应有防误操作的措施，如图 13-3 所示。

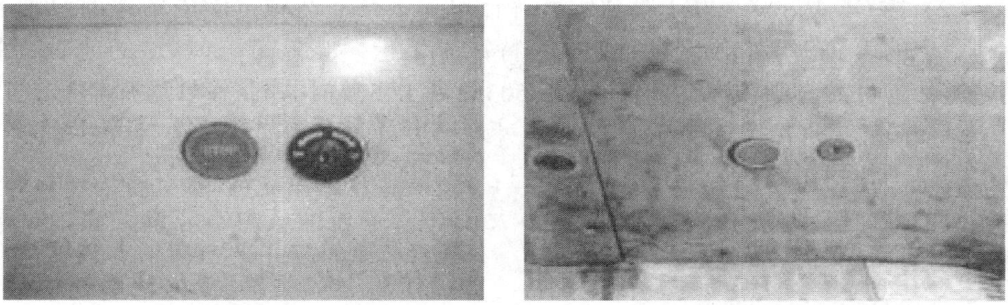

(a) 无中文标识　　　　　　　　　　　　　　(b) 不清晰

图 13-3　常见的不符合要求的紧急停止装置

11. 畅通区域

（1）当出入口畅通区域的长度>2m，但≤2.5m 时，畅通区域宽度应≥2×（S+160）。无论自动扶梯或者自动人行道如何布置，每台自动扶梯的出口和入口均应满足该要求，但该区域可以往侧面偏斜。图 13-4 和图 13-7 所示为符合要求的畅通区域，图 13-5 和图 13-6 所示为不符合要求的畅通区域。

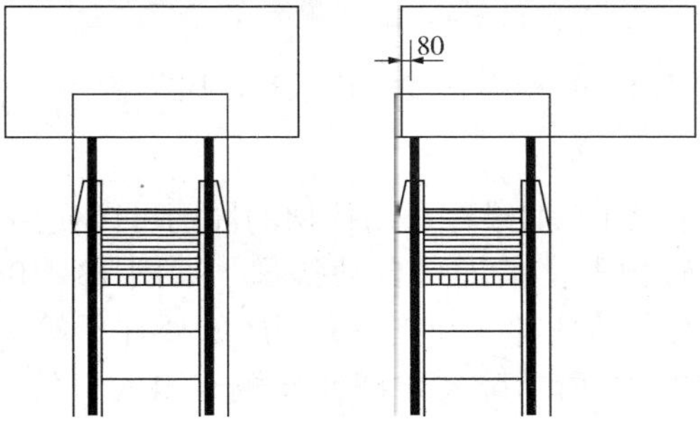

图 13-4　符合要求

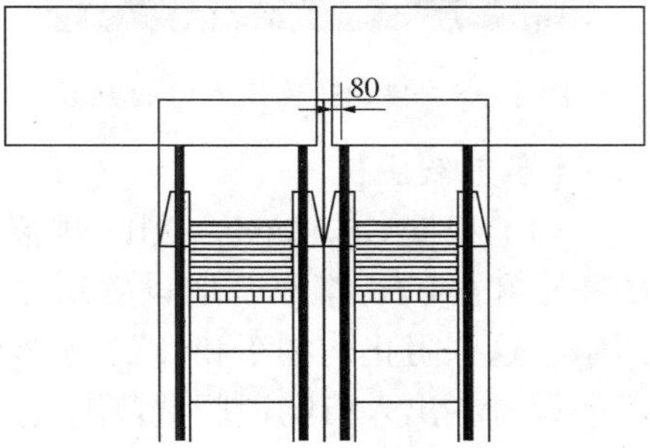

图 13-5　不符合要求

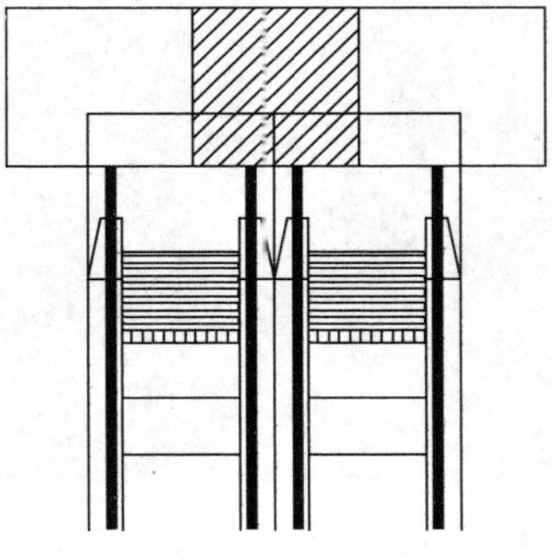

图 13-6　不符合要求

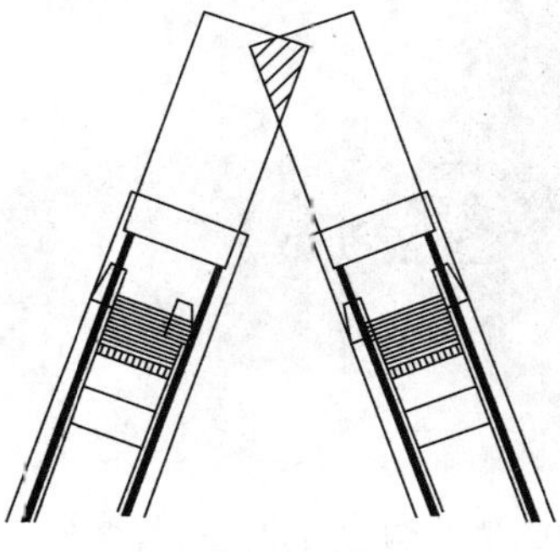

图 13-7　符合要求

(2) 按 GB 16899—2011 第 003 号解释单，该畅通区域范围内的地面原则上应是平坦的表面，不应出现台阶形式，特殊情况下，如果该畅通区域的地面需采用坡道作为过渡，则该坡道应符合 GB 50352—2005《民用建筑设计通则》中 6. 6. 2 的 1)“室内坡道坡度不宜大于 1 : 8，室外坡道坡度不宜大于 1 : 10”，如图 13-8 所示的自动扶梯出入口的坡道。ENl15-1：2015 附录 A. 2. 5 补充了部分要求：畅通区域的地面应平整，最大倾斜度应不大于 6°，畅通区域内不应设置固定台阶(图 13-9)。

图 13-8　自动扶梯出入口的坡道

图 13-9　畅通区域内不应设置固定台阶

【参考做法】

(1) 根据 GB 16899—2011 规范性附录 1. 1，如果在自动扶梯的周围可以使用购物车和(或)行李车，应设置适当的障碍物阻止其进入自动扶梯，如图 13-10 所示，这些阻止购物车和(或)行李车进入自动扶梯入口的障碍物(如矮柱子等)不能设置在出入口畅通区域范围内。图 13-11 所示障碍物即使设置在出入口处，也不符合要求。

图 13-10　阻止购物车和(或)行李车进入自动扶梯入口的障碍物

图 13-11　障碍物即使设置在出入口

（2）历史遗留下来个别在自动扶梯和自动人行道出入口畅通区域范围内有不可拆除的障碍物（如建筑物受力柱子等），如果该障碍物在进入扶手带外缘距离一侧 80mm 范围内，且没有进入梯级延长线范围内，允许监护使用，或者规定自动扶梯和自动人行道的运行方向，保证障碍物端只作为入口。

（3）为防止因乘客拉大件行李箱进入自动扶梯或倾斜自动人行道而未及时离开自动扶梯或自动人行道出口，导致后面乘客拥堵并摔倒在出口处的事故发生，建议车站、地铁等人员密集场所自动扶梯或倾斜自动人行道的入口处设置如图 13-11 所示的矮柱，避免旅客拉手推车、婴儿车、大行李箱等进入自动扶梯或自动人行道。

（4）为防止图 13-12 所示乘客倚靠在扶手带上被拖曳到扶手装置外而导致意外事故，允许在出入口处扶手带前端设置如立柱等防止乘客倚靠在扶手带的阻挡装置。但该阻挡装置不能进入两扶手带内表面上的顺延空间，且与扶手带距离不小于 80mm。

（5）某些可双向运行的自动扶梯或自动人行道出入口设置了如图 13-12 所示的可旋转的阻挡装置，因该装置不可拆卸且在畅通区域范围内，当其在出口时会造成阻碍，因此可判为不合格。

图 13-12　障碍物即使设置在出入口处

12. 阻挡装置

【说明解释】

（1）该条款是为了防止人员坠落，主要目的是为防止如图 13-13 所示乘客倚靠在扶手带上被拖曳到扶手装置外而导致意外事故。该条款虽然简称为“阻挡装置”，但 GB 16899—2011 附录 A 分别描述了固定护栏和阻挡装置的设置要求。

(2) 根据坠落伤害的可能性，分为被扶手带提起后直接导致坠落(简称直接坠落)，被扶手带提起后间接导致坠落(简称间接坠落)，以及被扶手带提起后不会导致坠落(简称不可能坠落)。对于存在直接坠落的扶手带外侧应当设置固定护栏，防止人员被扶手带提起后坠落；对于存在间接坠落的扶手带外侧应当设置建筑物的阻挡装置(与 4. 2. 2 外盖板的阻挡装置区分)；对于不可能坠落的扶手带外侧可以不设置任何保护装置，该项目按照无此项处理。

图 13-13　乘客倚靠在扶手带上被拖曳到扶手装置外而导致意外事故

(3) 对于图 13-14 所示的自动扶梯，扶手带外侧即为开放区域，如果乘客被扶手带提起将会直接导致坠落伤害；对于图 13-15 所示的自动扶梯左侧扶手带外侧(图中圈出的部分)，乘客即使被扶手带提起也不会直接导致坠落，但乘客进入相应的空间后继续往前移动也会导致坠落，这种即为被扶手带提起后间接导致坠落；对于图 13-16 所示的自动扶梯，即使乘客进入扶手与建筑物之间的空间也不存在坠落的可能，这种即为被扶手带提起后不会导致坠落的情况。

需要注意的是，对于图 13-17 所示这种火车站常见的自动扶梯布置形式，如果乘客被左侧扶手带提起将导致坠入自动扶梯外的楼梯，如果从扶手带算起，坠落高度超过 2m 可以认为其具有直接坠落的可能。如果乘客被右侧扶手带提起，不会导致直接坠落，但乘客继续被扶手带带着前行也有坠落的可能，因此可以认为其具有间接坠落的可能。

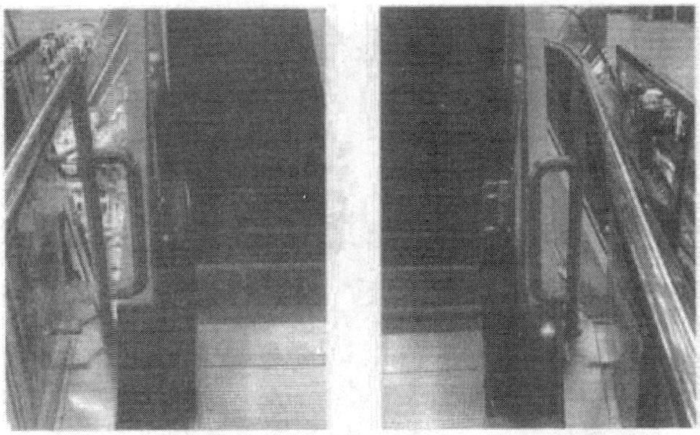

图 13-14　外侧即为开放区域

图 13-15　左侧扶手带外侧

图 13-16　提起后不会导致坠落的情况

图 13-17　有间接坠落的可能

13. 垂直净高度

【定期检验工作指引】

垂直净高度一般不会改变，所以定期检验项目表中没有该项目，但有时由于使用现场重新装修等原因，会造成垂直净高度不符合要求。因此，如果定检发现该项目不符合要求，可在《特种设备检验意见通知书》中选填第(四)项。

【参考做法】

(1) 当该尺寸小于 2. 30m 时并不一定会造成撞击伤害，乘客视觉上的体验会形成心理上容易撞击的压力。因特殊原因(如在旧建筑物内加装自动扶梯等)，如果垂直净高度不能满足 2. 30m 的要求，根据 GB/T 30692—2014《提高在用自动扶梯和自动人行道安全性的规范》中有关规定，应不小于 2. 10m。这时使用单位应采取必要的安全措施(如设置圆角、软包、警示标识等)并承诺承担相关安全责任，可以考虑放行。

(2) 如图 13-18 所示，如果扶手带外侧的障碍物与扶手带的外缘距离 $b_9 \geq$ 400mm，则障碍物(图中 1 所指)的高度不受限制；

如果障碍物位于扶手带外侧，且与扶手带之间的距离≤400mm，则高度 h_{12} 应≥2. 10m(图中左侧区域)；

如果障碍物位于扶手带外边缘以内，则高度应≥2. 30m(图中右侧区域)。该条款在 GB 16899—2011 中描述不是很清晰，在 ENl15-1：2017 版中得到了澄清，并且当障碍物位于扶手带外边缘至梯级外边缘之间的区域(图中间区域)，且高度≥2. 10m，但是≤2. 30m 时，使用单位应采取必要的安全措施监护使用。

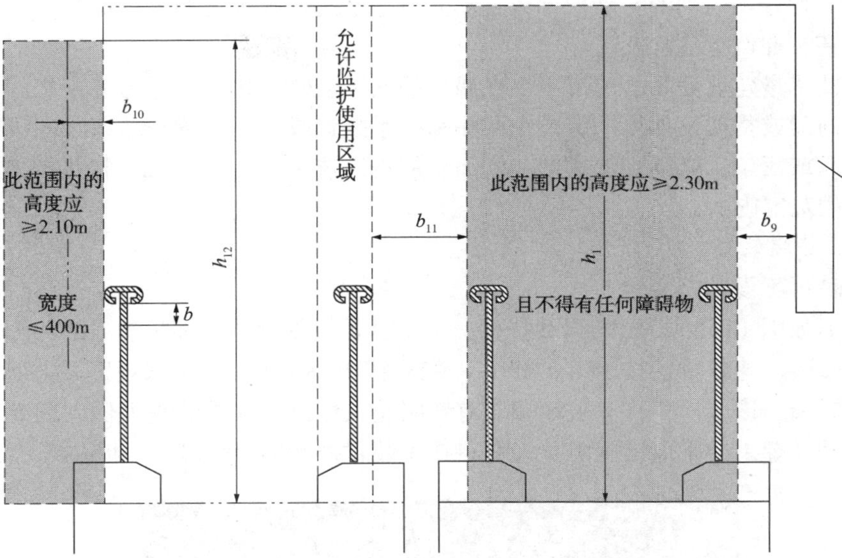

图 13-18　垂直净区域高度示意图

14. 扶手带外缘距离

【常见事例】

在梯级上方 2.1m 的高度内，货架及货物等障碍物进入了扶手带外缘 80mm 范围内，不符合在任何情况下均不得小于 80mm 的要求。

【参考做法】

如图 13-19 所示，在两相邻扶手装置或扶手装置与墙壁之间放置供挑选商品和货架，容易出现以下安全隐患：

图 13-19　在两相邻扶手装置或扶手装置与墙壁之间放置货物

（1）顾客在运行的自动扶梯或自动人行道上从货架挑选商品时，会使商品与扶手带的距离小于 80mm。

（2）顾客在运动的自动扶梯或自动人行道上挑选固定货架上的商品时，容易发生阻塞、摔倒等危险。

因此尽量建议商场、超市不要在两相邻扶手装置或扶手装置与墙壁之间设置供挑选商品或货架，如果一定要在两相邻扶手装置或扶手装置与墙壁之间设置供挑选商品或货架，必须确保货架和商品不能进入扶手带外缘 8mm、梯级上方高度 2. 10m 的范围内。

15. 防爬装置

两种可不设防爬装置：

（1）如图 13-20 所示的自动扶梯，上下外盖板平台外侧都是悬空的，为了防止意外坠落，建筑物已按 TSG T7001—2023 中“出入口防护”要求设置了金属栏杆和玻璃矮墙，该金属栏杆和玻璃矮能有效阻止人员进入扶手装置外侧，因此对于这类自动扶梯不必采取措施阻止人们在扶手装置外侧向上攀爬。

图 13-20　无须设防爬装置

（2）如图 13-21 所示的自动扶梯，扶手装置外侧不悬空，不存在坠落危险；扶手装置与楼板无交叉，不存在剪切和挤压危险，对于这类自动扶梯也不必采取措施阻止人们在扶手装置外侧向上攀爬，但应按 TSG T7001 中的要求设置“阻挡装置”，如图 13-22 所示。

【常见事例】

（1）如图 13-23 所示的防爬装置，存在以下问题：

① 防爬装置的高度低于扶手带表面；

② 防爬装置在外盖板上的长度小于 1000mm，且此长度范围内有踩脚处；

③ 防爬装置的边缘太锐利，容易造成人员意外伤害。

（2）图 13-24、图 13-25 所示是常见的不符合要求的防攀爬装置。

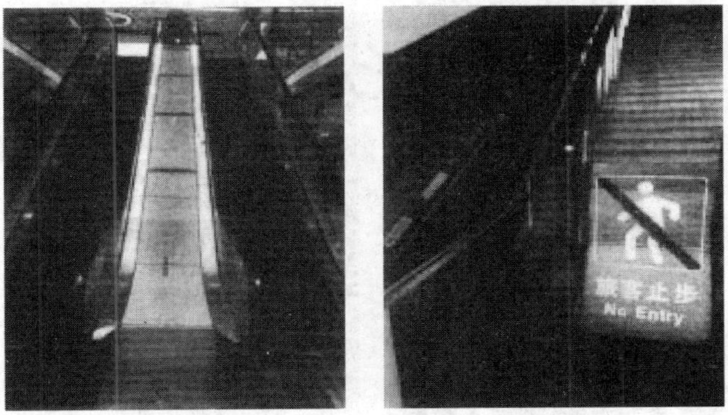

(a)　　　　(b)

图 13-21　无须设防爬装置

图 13-22　应设置阻挡装置

图 13-23　不合格防爬装置之一

图 13-24　不合格防爬装置之二

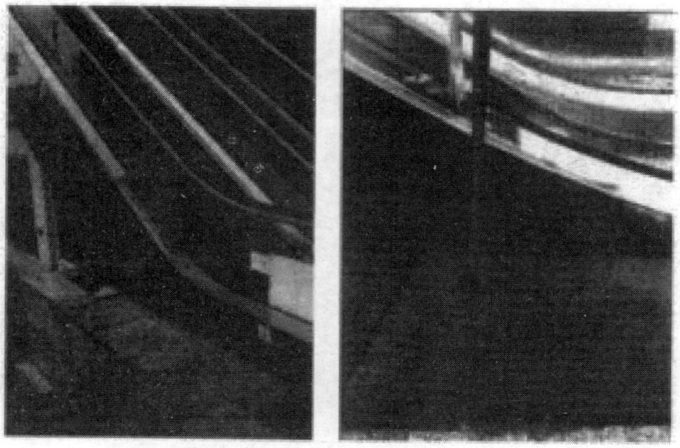

图 13-25　不合格防爬装置之三

【特例】

（1）对于如图 13-26 所示，在自动扶梯外盖板侧存在与其平行的非自动扶梯本体部件的装饰，由于该装饰上也有可站立的区域（见图 13-26），因此需要将防攀爬装置延伸至该装饰外缘，否则也不符合要求。

图 13-26　盖板侧存在本体部件的装饰

（2）如图 13-27 所示，防爬装置与护壁板之间的间隙从下部至上部逐渐增大，对于该情况，若防爬装置上部与护壁板之间的间隙小于 0.15m，可视为符合要求。

（3）图 13-28 所示是一台提升高度较小的自动扶梯，对于该扶梯，一方面因条件限制，无法设置完全满足要求的防攀爬装置；另一方面发生坠落的可能性及造成的伤害在可接受范围内。因此，即使该自动扶梯两侧悬空，也可不设置防攀爬装置。

（4）对于在扶手带外侧设置了完整的开放空间防坠落防护的(见图 13-29)，由于其能够有效防止攀爬，对于需要设置防爬装置的场合，其可以代替防爬装置，此时防爬装置可以按照符合处理；对于不需要设置防爬装置的场合，其仅用于防坠落，此时防爬装置按照无此项处理。

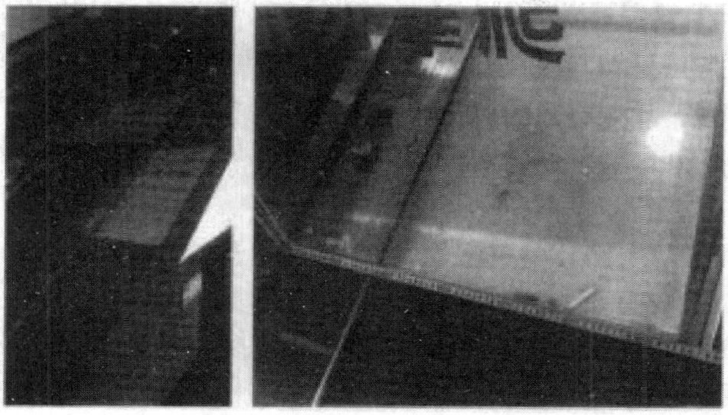

图 13-27　间隙小于 0.15m

图 13-28　可不设置防攀爬装置

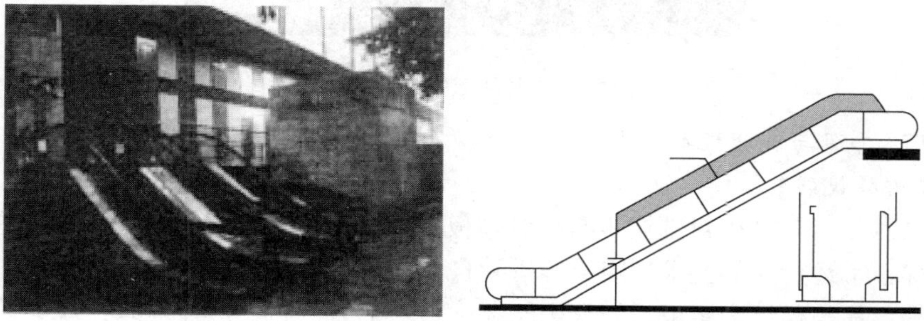

图 13-29　防爬装置按照无此项处理

16. 防滑行装置

【特例】

对于部分扶手带与建筑物(墙)相邻，且建筑物(墙)和扶手带中心线之间的距离大于300mm的自动扶梯，视情况而定是否需要设置防滑行装置。如有自动扶梯扶手带上部不与墙体相邻，设置了符合阻挡装置。下部也不与墙体相邻，中部与墙体相邻且(墙)和扶手带中心线之间的距离大于300mm，该种情况应该设置防滑行装置。该自动扶梯扶手带上部与墙体相邻，且(墙)和扶手带中心线之间的距离大于300mm，中部和下部均不与墙体相邻，对该种情况，有以下处理方法：

(1) 在扶手带与墙体相邻部分设置防滑行装置。

(2) 在扶手带与墙体相邻和不相邻的临界处之前设置阻挡装置。

(3) 其他合理的方法。既设置了防滑行装置又设置了阻挡装置。

(4) 对于与扶手带平行且高度与扶手带接近但与扶手带之间由外盖板隔着的建筑物，为防止人员在建筑物上滑行，建议在建筑物上设置防滑行装置，如图13-30所示。

图13-30 与扶手带邻近的建筑物

17. 梯级与围裙板水平间隙

【解释说明】

虽然TSG T7001对围裙板与梯级踏板之间的间隙有要求，但该间隙只是对自动扶梯正常运行时的要求。当乘客搭乘自动扶梯时身体的某部位，穿的长裙或洞洞鞋等容易与梯级围裙板之间发生摩擦，当这个力达到一定程度时，就会被拖入围裙板与梯级的间隙中，这时就会受到梯级与围裙板的挤压，如果围裙板刚度不足，不符合 GB 16899—2011 中 5.5.3.3 的要求，围裙板与梯级之间的间隙由于围裙板受到挤压继续增大同时产生的摩擦力就会增加，被拖入得就更深，拖入得越深，对乘客的伤害越大，直至不能再被拖入为止。因此，必要时可用图 13-31 所示的裙板刚度检测仪，检查围裙板刚度能否符合 GB 16899—2011 中 5.5.3.3 的要求，在围裙板最不利的部位，垂直施加一个 1500N 的力，作用于 $25cm^2$ 的方形或圆形面积上，其凹陷不应大于 4mm，且不应由此而导致永久变形。

图 13-31 裙板刚度检测仪

18. 防夹装置

为了防止正常进入自动扶梯的人员被防夹装置撞击，防夹装置的端点应位于梳齿与踏面相交线前的梯级侧，也就是说防夹装置不能进入梳齿板上方，且末端部分应逐渐缩减并与围裙板平滑相连，如图 13-32 所示。防夹装置位于梳齿相交线之前的目的是防止人员进入梯级时与防夹装置撞击而跌倒人员在静止地面上行走时不太留意围裙板上的凸起（特别是拥挤的情况下），可能发生钩绊。上了梯级后会有远离围裙板的意识，可以有效避开防夹装置的端部；在自动扶梯运行过程中，防夹装置可以有效防止乘客接近围裙板而产生的危险。

图 13-32 防夹装置不能进入梳齿板上方

本条款(5)在 GB 16899—2011 和检规中的表述均存在偏差，在过渡区段防夹装置刚性部件最下缘与梯级表面之间的距离在梯级的后端不可能保持在 25~55mm，因此该要求可以理解为过渡区段防夹装置刚性部件最下缘与梯级前沿的垂直距离保持在 25~55mm 即可。

【常见事例】

图 13-33 为四种常见的不符合要求的防夹装置。

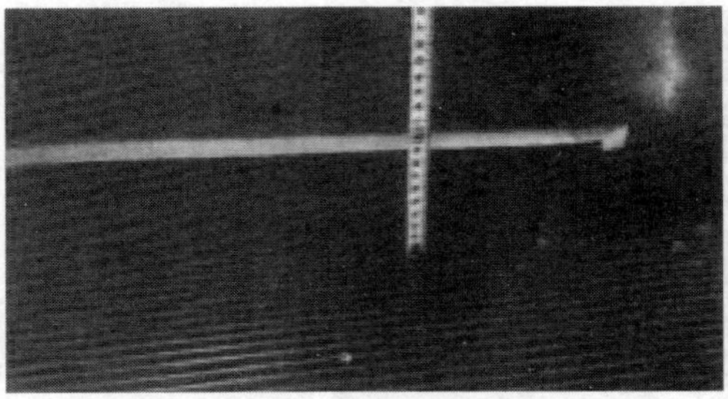

(a) 防夹装置与梯级踏面距离过大

(c) 防夹装置末端超过梳齿相交线

(b) 防夹装置与梯级踏面距离过小

(d) 防夹装置末端与梳齿相交线过长

图 13-33　四种常见的不符合要求的防夹装置

19. 监控和安全装置

自动扶梯监控与安全装置要求汇总见表 13-4。

表 13-4　自动扶梯监控与安全装置要求汇总表

TSG T7005 要求的监控与安全装置	必须设置	检修允许失效	GB 16899—2011 故障锁定	附加制动器要动作
6.1 扶手带入口保护	是			
6.2 梳齿板保护	1997			
6.3 超速保护			√	
6.4 非操纵逆转保护	1997		√	√
6.5 梯级、路板或胶带的驱动元件保护	是		√	

续表

TSG T7005 要求的监控与安全装置	必须设置	检修允许失效	GB 16899—2011 故障锁定	附加制动器要动作
6.6 驱动装置与转向装置之间的距离缩短保护	是			
6.7 梯级或踏板的下陷保护（不包括胶带式自动人行道）	1997	√	√	
6.8 梯级或踏板的缺失保护	2011	√	√	
6.9 扶手带速度偏离保护	201	√		
6.10 多台连续且无中间出口的自动扶梯或自动人行道停止保护		√		
6.11 检修盖板和楼层板	2011	√		
6.12 制动器松闸故障保护	2011	√	√	
2.13 可拆卸的手动盘车装置	2011			
GB 16899—2011 有规定，TSG T7005 无要求的监控与安全装置				
附加制动器动作保护				
超速 1.4 倍，触发附加制动器动作保护				√
超出最大允许制停距离 20%	2011			
过载(通过自动断路器)	2011		√	
过载(基于温度升高而动作)	2011			
超出最大允许制停距离 20%	2011		√	
电气安全装置的电路发生接地故障	2011		√	

注 1：“1997”表示按 GB 16899—1997 或 GB 16899—2011 制造(即 1998 年 2 月 1 日后生产)的自动扶梯及自动人行道必须设置。

注 2：“2011”表示按 GB 16899—2011 制造的自动扶梯及自动人行道必须设置。

20. 超速保护

【常见事例】

(1) 常见的机械式超速保护开关有：

① 图 13-34 所示是日立电梯某型号超速保护装置，当自动扶梯或自动人行道超速时，连接在驱动主机减速箱高速轴的甩块在离心力作用下，克服弹簧的弹力向外甩出，触发超速开关动作。

② 三菱 HE 系列也使用离心式超速开关，如图 13-35 所示，超速保护装置 HGD1 安装在驱动装置的电动机飞轮侧。在自动扶梯运行速度超过额定速度 1.2 倍之前，转盘上的甩块在离心力的作用下撞击 HGD1 的打杆使限位开关动作，自动扶梯停止运行。

图 13-34　日立电梯某型号超速保护装置

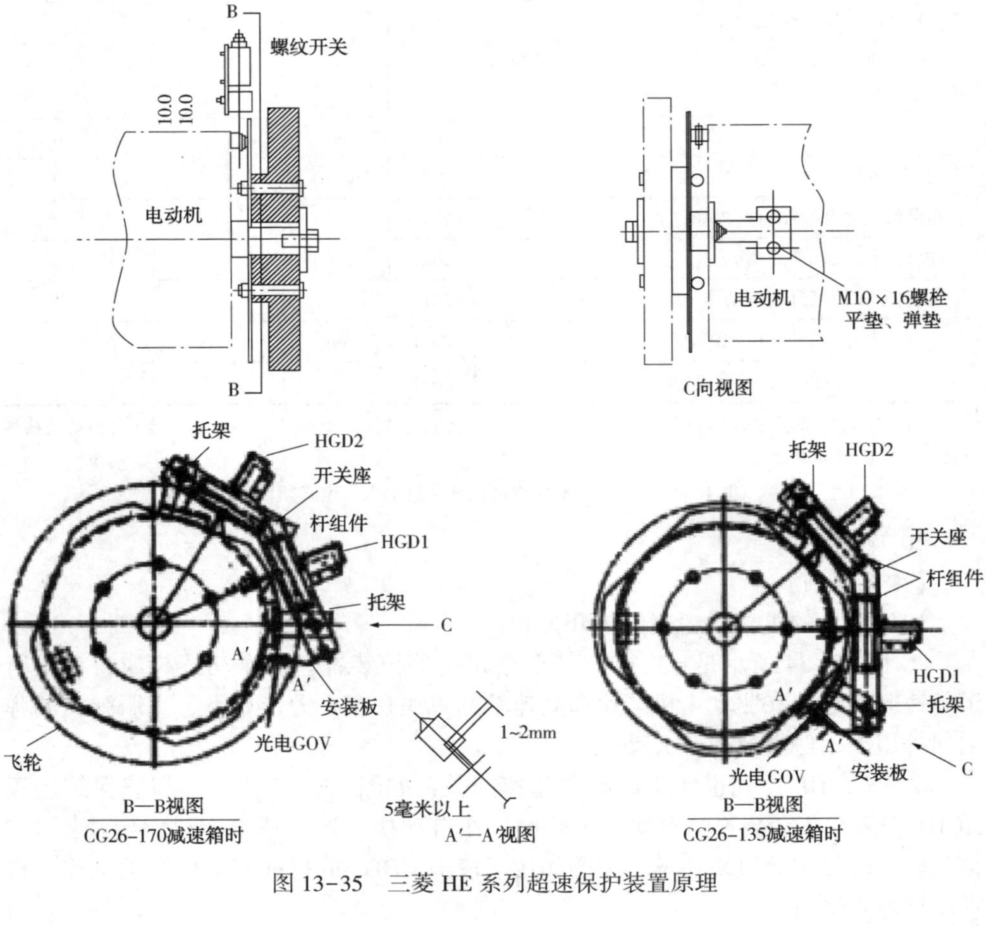

图 13-35　三菱 HE 系列超速保护装置原理

图 13-36 所示是超速保护开关的实物图。

图 13-36　超速保护开关的实物图

（2）常见的非机械式的超速保护触发装置分别安装在驱动主机、梯级或踏板的主轨或返轨、梯级链轮等位置，非机械式的超速保护触发装置经常与非操作逆转触发装置整合在一起。

① 图 13-37 所示是安装在驱动主机上的一种形式。与制动轮 2 同轴装有飞轮 1，在飞轮下面装有磁块 3，脉冲接收器 4 装在底架上，当飞轮 1 转动时，磁块产生脉冲信号。

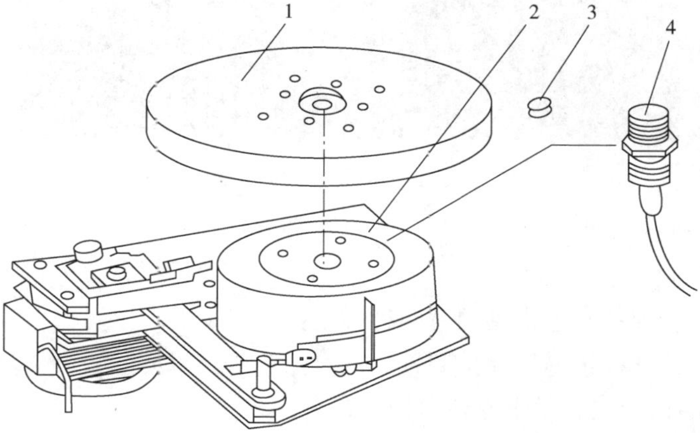

图 13-37　非机械超速保护开关(一)

② 图 13-38 所示是将感应开关安装在梯级或踏板的主轨或返轨上，当梯级或踏板运行通过时，产生脉冲信号。

③ 图 13-39 所示是将感应开关安装在梯级链轮上。

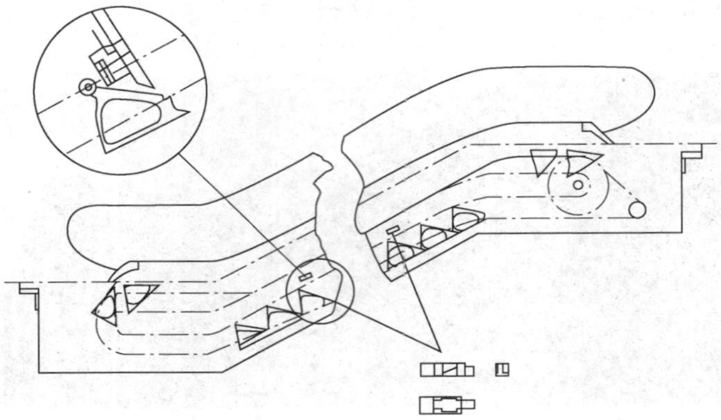

图 13-38　非机械超速保护开关(二)

图 13-39　非机械超速保护开关(三)

21. 非操纵逆转保护

【常见事例】

非操纵逆转保护装置常见的有两种类型：

(1) 机械式非操纵逆转保护装置。

① 常见的机械式非操纵逆转保护装置有：

日立某型号自动扶梯，如图 13-40 和图 13-41 所示，防逆转摆杆的前端压住链轮的侧面，两者之间产生一定的摩擦力。正常上行时，链轮带动摆杆前端往摆动一定角度，其后端相应地往上摆动，触发上部检测开关断开。正常下行时，下部的检测开关断开。如果梯级在上行过程中突然改变运行方向，摆杆将触发下部的检测开关断开。这将切断控制电路，工作制动器动作使设备停止运行。

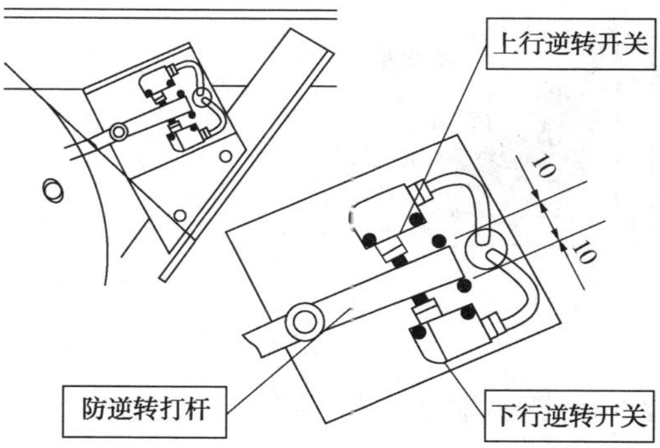

图 13-40 机械式非逆转保护原理

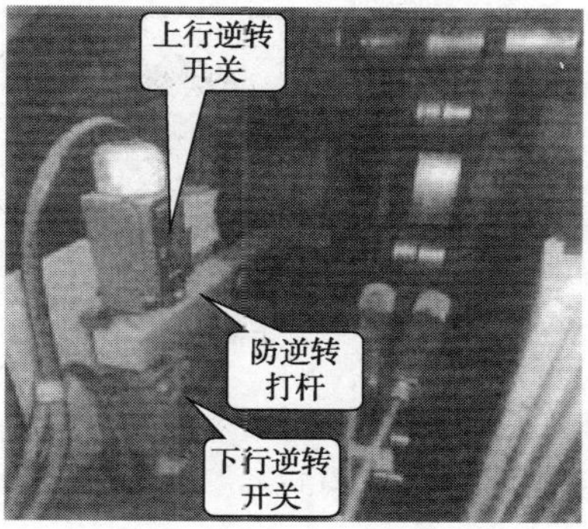

图 13-41 机械式非逆转保护实物

② 图 13-42 所示是另一种机械式非操作逆转安全装置，其原理类似日立的非操作逆转保护装置，非操作逆转开关摆杆摆向运行方向，如果梯级在上行过程中突然改变运行方向，凹轮反向摆动摆杆使非操作逆转开关动作，切断控制电路，使设备停止运行。

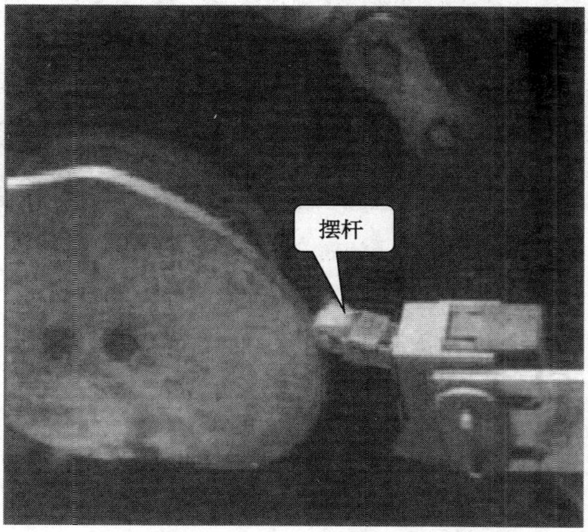

图 13-42 另一种机械式非操作逆转安全装置

③ 图 13-43 所示为三菱 HE 系列自动扶梯机械式非操作逆转安全装置，该装置设置在上部椅架扶手驱动链的第一级张紧装置上。如图 13-44 所示，当自动扶梯正常启动后，非操作逆转开关摆杆摆向运行方向，如果梯级在上行过程中突然改变运行方向，如图 13-45 所示，凸轮凹孔反向摆动摆杆使非操作逆转开关动作，切断控制电路，使自动扶梯停止运行。

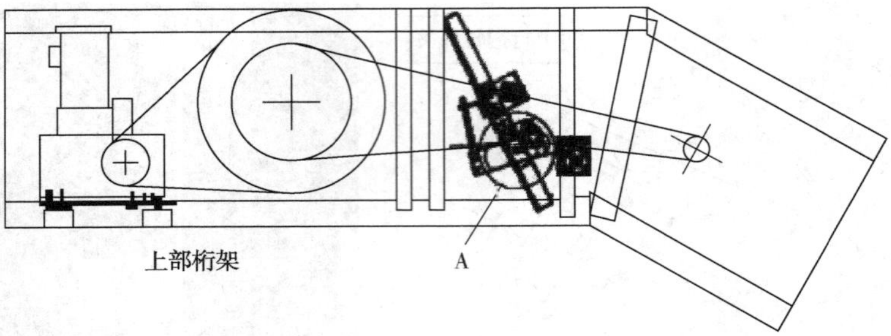

图 13-43　三菱 HE 系列自动扶梯机械式非操作逆转安全装置

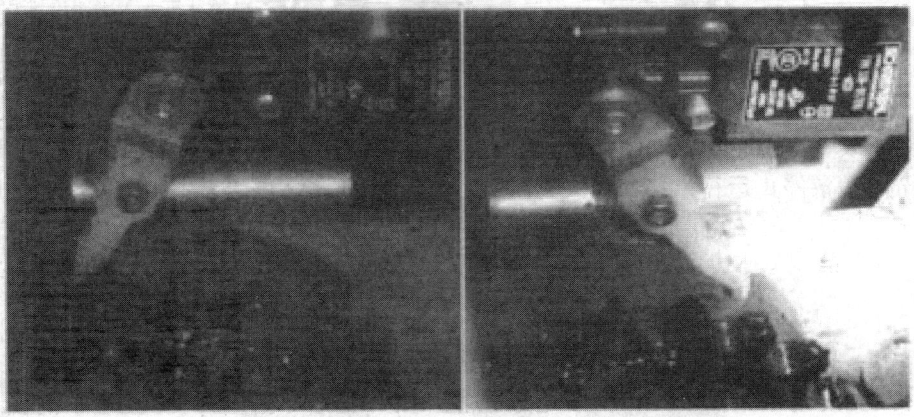

图 13-44　凸轮凹孔反向摆动摆杆

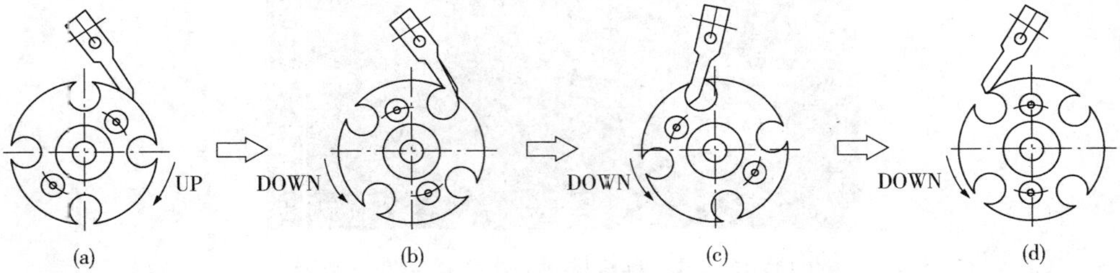

图 13-45　摆杆的动作过程

（2）非机械式非操纵逆转保护装置。

非机械式非操纵逆转保护装置是利用磁感应开关、光电开关或旋转编码器等获取运行速度信号，由控制系统进行比较和判定，可以安装在不同位置。由于非机械式超速保护开关一般都不是安全触点，而是采用安全电路或可编程电子安全相关系统(PESSRAE)，所以要查看制造单位提供的相应的含有电子元件的安全电路可编程电子安全相关系统(PESSRAE)型式试验证书产品配置表中的安全功能是否包括非操纵逆转保护功能。并要核查现场可编程电子安全相关系统(PESSRAE)产品的主参数、系统组成、主要部件(品牌、型号及数量)是否与安全电路、可编程电子安全相关系统(PESSRAE)型式试验证书上的配置表内容完全一致，配置表中主要部件列出多个品牌及型号的，实际使用时可以换用。三菱 HE 系列自动扶梯除有机械式非操作逆转保护装置外，还有一套低速保护装置，从电气方面实现非操作逆转保护。

图 13-46 所示的安装在梯级链轮上的非操纵逆转保护装置，上行的自动扶梯发生逆转变为下行时，安全开关动作，切断安全回路，有附加制动器时同时切断附加制动器电源。下行时该开关由下行接触器副触点短接。

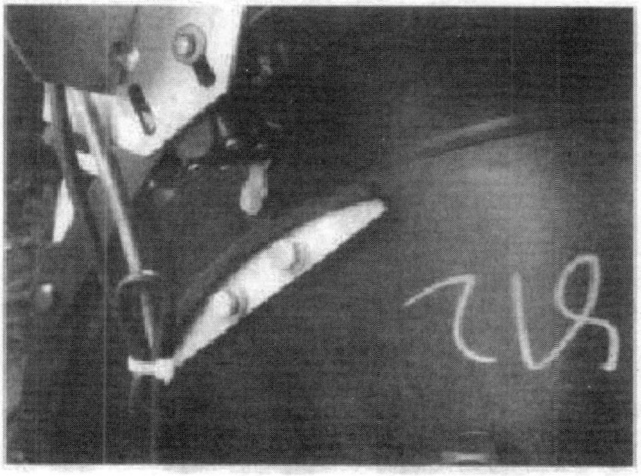

图 13-46　操纵逆转保护装置

22. 梯级或踏板的缺失保护

【常见事例】

某品牌电梯公司在 2014 年前生产的 9000 型自动扶梯，梯级缺失检测装置不是设置在驱动站和转向站内，而是安装在如图 13-47 所示上端站和下端站的梯级下陷检测装置旁。如果缺失的梯级刚好停在如图 13-48 所示返回分支内，正常启动设备上行和下行后，因梯级缺失而导致的缺口会出现在运行分支上，存在乘客踏入缺口而造成被剪切或挤压的伤害。由于该要求是在 2014 年 3 月 1 日以 1 号修改单方式加入 TSG T7001，所以部分在用的自动扶梯也会存在该问题。

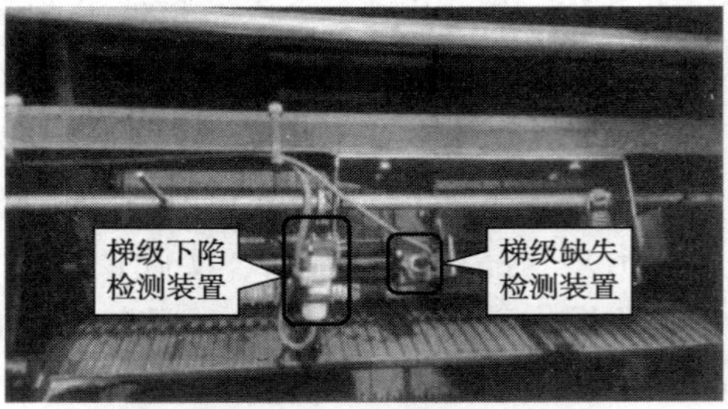

图 13-47　梯级缺失检测装置

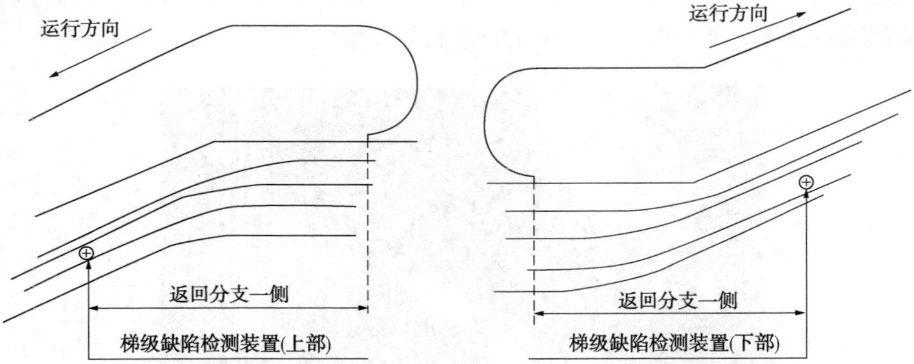

图 13-48　梯级缺失检测装置的位置

23. 扶手带速度偏离保护

【常见事例】

图 13-49 所示为扶手带速度监控装置的一种型式，它通过与扶手带压轮同轴的旋转编码器来检测其运行速度。

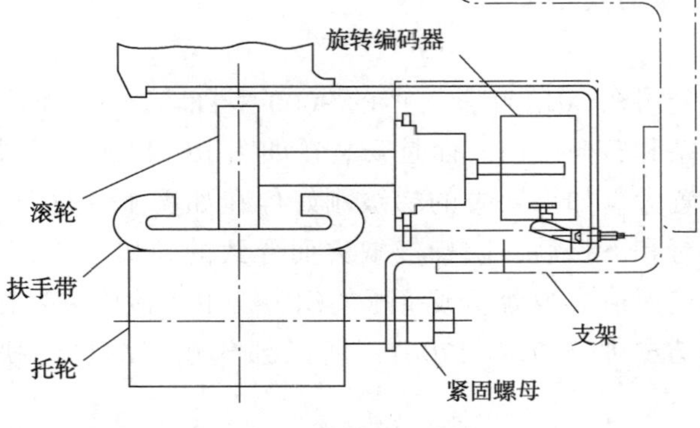

图 13-49　一种扶手带速度监控装置型式

【定期检验工作指引】

根据标★的项目规定，对于按照 GB 16899—1997 及更早期标准生产的自动扶梯和自动人行道，相应项目可以不检验，或者可以按照国质检锅(2002)360 号《自动扶梯和自动人行道监督检验规程》中的有关规定进行检验，由于其国质检锅〔2002〕360 号《自动扶梯和自动人行道监督检验规程》没有该电气安全装置检验项目，所以在定期检验时，对于按照 GB 16899—1997 及更早期标准生产的自动扶梯和自动人行道，本项可以按无此项处理。

24. 多台连续并且无中间出口的自动扶梯或自动人行道停止保护

【特例】

图 13-50 所示为并列布置的多台连续自动扶梯。该自动扶梯中间未设置出口，但当其中一列的某台自动扶梯出现故障时，另一列的自动扶梯可以作为出口使用，可视为符合要求。

图 13-50　并列布置的多台连续自动扶梯

25. 电气安全装置

【检验工作指引】

（1）根据 GB 16899—2011 中 5.2.4 及其表 6 的要求，检修盖板和上下盖板监控装置可以选用安全开关、安全电路、可编程电子安全相关系统(PESSRAE)三种方式之一。如果使用安全开关，则安全开关的动作应直接切断驱动主机和制动器的电源。

（2）根据 GB 16899—2011 中 5.12.1.2.2.1，安全开关的动作应使触点强制地机械断开，甚至两触点熔接在一起也应强制地机械断开。当所有触点断开元件处于断开位置时，且在有效行程内动触点和驱动机构之间无弹性元件(例如弹簧)施加作用力，则触点获得强制的机械断开。如果检修盖板和上下楼层板监控装置不是由安全电路或者可编程电子安全相关系统(PESSRAE)实现，则只能使用直接切断驱动主机和制动器电源的安全开关来实现。

图 13-51 所示均不符合安全开关要求。

图 13-51(a)中的开关为磁感性开关，不满足机械断开的要求。

图 13-51(b)中的开关本身符合安全开关的要求，但作为监测楼层板开启的开关时，楼层板打开时(如图所示状态)开关断开(安全回路断开)，楼层板盖上时开关闭合(安全回路接通)，开关在由断开(楼层板打开)至接通(楼层板盖上)的过程是强制机械操作的，而由接通(楼层板盖上)至断开(楼层板打开)的过程是开关自带的弹簧操作的，不是强制断开。如果两个触点熔接在一起，弹簧是不能有效将开关断开的。因此不符合要求。

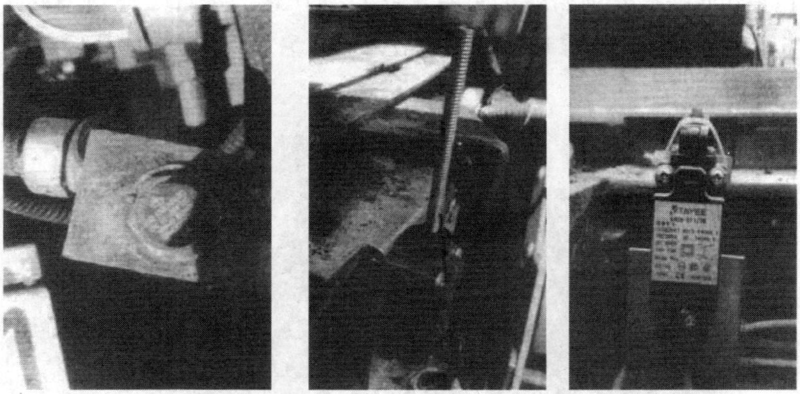

(a) (b)

图 13-51 均不符合安全开关要求

26. 附加制动器

【参考做法】

根据 TSG T7001 的要求，如果工作制动器和梯级、踏板或者胶带驱动装置之间不是用轴、齿轮、多排链条、多根单排链条连接，自动扶梯和倾斜式自动人行道应当设置一个或多个机械式(利用摩擦原理)附加制动器。

对于制造日期为 1998 年 2 月 1 日以前的设备不作为否决项；在 GB 16899—1997 颁布实施之前，有部分制造日期在 1998 年 2 月 1 日以前的自动扶梯和自动人行道，工作制动器和梯级、踏板或者胶带驱动装置之间是单排链条连接，但没有符合 GB 16899—1997 或 GB 16899—2011 要求的附加制动器，这些使用约二十年还能正常使用的自动扶梯和自动人行道，大多是进口的自动扶梯和自动人行道。对于如图 13-52 所示的单排驱动链的自动扶梯或自动人行道，当连接驱动主机与梯级链轮的链条断裂或松脱时，可以通过机械方式使一个带开口槽的楔块作用在链轮上，通过楔块开口槽与链轮侧面之间的摩擦力实现制动。虽然工作方式与现在的附加制动器一样，但没有 GB 16899—1997 或 GB 16899—2011 所要求的在速度超过名义(额定)速度 1.4 倍之前或者发生非操纵逆转时应动作的电气触发功能。但 TSG T7001 只对什么情况应设置附加制动器有要求，但对附加制动器如何设置没有要求，对附加制动器只是要求“附加制动器应当功能有效”，因此可以将这套驱动链断链保护装置视为没有电气触发功能的附加制动器。所以如果这套驱动链断链保护装置能有效制停自动扶梯或自动人行道，可判本项合格。对于只有单排驱动链且无附加制动器的上海三菱电梯有限公司制造的自动扶梯或自动人行道，该公司提供了一套整改方案，可以将单排驱动链改为双排驱动链。由于将单排驱动链改为双排驱动链没有改变自动扶梯或自动人行道的主要参数，可以视为重大修。

图 13-52　单排驱动链的自动扶梯

27. 自动扶梯制停距离测试

(1) 试验时允许将总制动载荷分布在自动扶梯上部 2/3 的梯级上，向下启动自动扶梯，一旦进入正常运行立即切断电源，检查制停距离是否符合要求。

(2) “空载和有载向下运行”应理解为空载向上、向下和有载向下运行。对只能单向运行的自动扶梯，空载制动距离只测设计的运行方向。对只能向上运行的自动扶梯，也应测量有载向下运行制动距离，检验时可以通过按检修下行按钮等方法向下启动扶梯。

(3) 制停距离应从电气制动装置动作(例如接急停、串接到安全回路开关动作等)时开始测量。

【注意事项】

(1) 扶梯装载制动载荷后，无法正常向上启动属正常现象，可以先将部分砝码运送到上平台卸载后，再将剩下的砝码运行到适当位置，然后装载上平台上的砝码。当扶梯长度较短时，应将总制动载荷分布在自动扶梯上部 2/3 的梯级上；当扶梯长度较长时，可以将总制动载荷放在自动扶梯上部比 2/3 多的梯级上，只要留下足够的制停距离即可。

（2）进行有载向下运行制停试验时，要有预防制动失效的措施，如逐步加载、盖好下楼层板等。

（3）个别自动扶梯设计根据不同载荷有不同的运行速度（如日立某型号自动扶梯在空载时以 70%的额定速度运行），试验时可请施工单位屏蔽该功能，确保以额定速度测试空载制停距离。

【参考做法】

自动扶梯监督检验时同一地方（同型号同参数）至少抽一台进行有载向下运行制停试验，对提升高度超过 6m 或公共交通型的自动扶梯每台都应进行有载向下运行制停试验。

28. 标志

图 13-53 是自动扶梯标志常见的不合格形式。

图 13-53　几种常见的不合格标志